참 쉬운 청소

깊은나무는 책에 관한 아이디어와 원고를 설레는 마음으로 기다리고 있습니다. 책으로 만들고 싶은 아이디어가 있으신 분은 이메일(deeptreebook@naver.com)로 간단한 개요와 취지, 연락처 등을 보내주세요. 머뭇거리지 말고 문을 두드리세요. 길이 열릴 것입니다.

참 쉬운 청소

초판 1쇄 인쇄 | 2014년 4월 20일
초판 1쇄 발행 | 2014년 4월 25일

지은이 | 여희정
펴낸이 | 박영욱 · 정희숙
펴낸곳 | 깊은나무

편집 | 이준호 · 지태진
마케팅 | 최석진 · 김태훈
표지 및 본문 디자인 | 서정희
일러스트 | 김서희

주 소 | 서울시 마포구 서교동 468-2
이메일 | deeptreebook@naver.com
페이스북 | bookocean
전 화 | 편집문의 : 02-325-9172   영업문의 : 02-322-6709
팩 스 | 02-3143-3964

출판신고번호 | 제2013-000006호

ISBN 978-89-98822-04-0 (13590)

*이 도서의 국립중앙도서관 출판시도서목록(CIP)은 e-CIP홈페이지(http://www.nl.go.kr/ecip)
 와 국가자료공동목록시스템(http://www.nl.go.kr/kolisnet)에서 이용하실 수 있습니다.
 (CIP제어번호 : 2014009256)

참 쉬운 청소

여희정 지음

깊은나무

모르고 하면 힘든 청소, 알면 즐거운 놀이가 됩니다

몇 년 전부터 좀 더 쉽게 청소하고 빨래하고 설거지하는 방법을 블로그에 올렸습니다. 시행착오를 겪으며 얻은 노하우를 정리하려던 것이었는데, 많은 블로거들이 방문하였고 '내용이 충실하다'는 입소문을 탔습니다. 그래서 유명세를 타고 TV에도 출연하자 많은 주부들이 살림 노하우를 물어왔습니다. 모든 분들에게 일일이 답변하기가 어려워 답답하던 와중에 출판사의 제의를 받고 2011년《참 쉬운 살림》을 출간했습니다. 그로부터 2년 후, 주부들이 가장 힘들어하는 살림이 청소이니 청소 비법만을 모아 책으로 만들어보자는 제의를 받았습니다. 용기를 내어《참 쉬운 살림》에서 '청소' 부분을 따로 떼어내고 '세탁기 청소' '자동차 청소' 관련 내용을 추가해 다시 책을 출간하게 되었습니다.

요즘에는 살림에 관한 정보를 제공하는 블로그들이 많습니다. 이러한 정보가 주부들에게 도움을 주기도 하지만 오히려 스트레스를 줄 때도 많습니다. 살림을, 청소를 잘하는 주부가 부럽고 자신도 그렇게 하고 싶지만 막상 따라 하기는 여러 가지 여건상 쉽지 않기 때문입니다. 그래서 이 책에서는 주부들이 최소한의 시간 투자로

최대한의 효과를 거둘 수 있는 청소 비법을 소개했습니다.

사실 청소만 잘해도 주부들이 겪는 가사 스트레스는 반 이상 줄어드리라 생각합니다. 청소는 주기적으로 반복되는 일이라서 노하우만 알면 빠른 시간 안에 집중해서 끝낼 수 있습니다. 똑같은 청소라도 어떻게 '시스템화' 하느냐에 따라 금방 끝날수도 있고, 해도 해도 끝이 나지 않을 수도 있습니다.

자신만의 '청소도표'를 만들어보세요. 날마다, 일주일마다, 격주마다, 월마다, 계절마다 해야 할 일을 적어놓고 실천하다 보면 청소 스트레스에서 벗어날 수 있습니다. 청소 주기를 정할 때는 매월 1일, 매월 15일, 매주 월요일 등 기억하기 쉽도록 날짜를 정하는 것이 좋습니다. 그리고 청소에 필요한 물품을 한곳에 모아두고 사용하면 훨씬 편합니다. 이 원칙만 지켜도 청소를 즐거운 놀이로 바꿀 수 있습니다. 상상해보세요. 엉망진창인 집 안을 내 손으로 몇 시간 만에 깨끗한 공간으로 만드는건 정말 신기한 마술입니다. 이 책이 여러분을 마술 같은 청소의 세계로 인도할 것입니다. 여러분도 '집 안의 마술사'가 될 수 있습니다.

차 례

〈참 쉬운 청소〉 200% 활용법 5가지

이 책을 이렇게 보면 더욱 좋아요

참 쉬운 청소의 의미 **1**

청소를 해야 하는 의미와 간단한 동선을 미리 알려줘요. 무작정 시작하지 말고 먼저 이 부분을 읽으면 청소가 더욱 의미 있고 편해질 거예요.

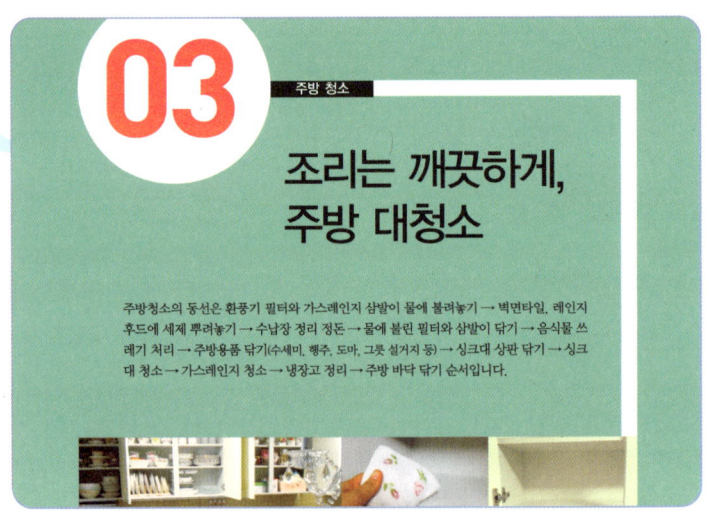

03 주방 청소

조리는 깨끗하게, 주방 대청소

주방청소의 동선은 환풍기 필터와 가스레인지 삼발이 물에 불려놓기 → 벽면타일, 레인지 후드에 세제 뿌려놓기 → 수납장 정리 정돈 → 물에 불린 필터와 삼발이 닦기 → 음식물 쓰레기 처리 → 주방용품 닦기(수세미, 행주, 도마, 그릇 설거지 등) → 싱크대 상판 닦기 → 싱크대 청소 → 가스레인지 청소 → 냉장고 정리 → 주방 바닥 닦기 순서입니다.

15 스타킹 정전기에 의해서 딸려 나온 먼지, 눈으로 직접 확인하니 알 수 있겠죠?

16 가구 틈새까지 청소했다면, 침대 아래 바닥 청소도 잊지 마세요. 바닥은 매일 청소기로 닦는 것이 기본이지만, 대청소할 때 막대 걸레에 청소포를 끼워 닦아주면 먼지가 깔끔하게 제거됩니다.

17 커튼은 매일 청소기로 훑어 미세 먼지를 제거하는 것이 가장 좋아요. 현실적으로 힘들다면, 대청소할 때 정기적으로 세탁을 해주는 것이 기본이지만, 대청소할 때 먼지 세균제거 스프레이를 4~5회 잘 흔든 다음, 40~50cm 거리에서 고루 뿌려주는 것도 한 가지 방법입니다.

따라 하기 쉬운 청소 순서도 **2**

자세한 사진과 함께 쉽게 따라 할 수 있도록 번호를 붙여 두었어요. 순서대로 따라 하기만 하면 뚝딱 살림을 할 수 있어요.

3 상세 정보 팁박스

좀 더 자세히 알아야 할 추가 정보가 있
으면 팁으로 따로 빼두었어요.

> 청소기는 매일 쓰는 물건이라
> 꺼내 쓰기 편해야 하지만, 눈
> 에 띄면 지저분해 보이기 때
> 문에 주방 냉장고 옆에 보관
> 하고 있어요. 베란다보다는 꺼
> 내기 편하고, 거실에서 잘 보
> 이지 않아 청소기 보관하는
> 데 적절한 장소이더군요.

주방 청소 시 필요한 기본 세제

주방 청소에서 가장 기본이 되는 것은 일반 주방세제 아니면 베이킹 소다
(탄산수소나트륨, 소다라고도 해요), 식초, 소주, 치약입니다.

소다 기름때에 강하고 연마 효과가 있으며 냄새를 빨아들이는 기능이 있습
니다. 단, 알루미늄 소재에 닿으면 까맣게 변하므로 주의하세요.

소주 소독과 오염 제거에 탁월합니다. 휘발성이 강해서 환기만 잘 시켜주
면 냄새도 잘 빠져요.

치약 주방이나 욕실에서 스테인레스 제품 청소에 자주 사용되는 좋은 청
소 제품입니다.

식초 석회질과 물때를 녹여주고 살균 및 암모니아 제거에 효과가 있습니다. 단, 철이나 대리석, 나무
제품에는 사용하지 않는 것이 좋아요. 설탕 등 조미료가 첨가된 식초보다는 쌀 등의 곡물로 빚
은 식초가 더 적당합니다.

얼룩을 제거할 때는 작은 때부터 더러움이 심한 곳으로 넓혀가며 청소를 하시는 것이 좋아요. 가벼
운 때를 먼저 청소하고, 오염이 심한 때는 물 → 천연세제 → 용도에 맞는 가성 세제의 순으로 사용
하면 됩니다.

---

4 알아두면 더욱 도움이 되는 상식

그냥 지나칠 수도 있지만 알아두면 더욱
도움이 되는 청소의 지혜가 틈틈이 보여
요. 한 번씩 읽어 보면 좋을 거예요.

---

5 핑크엔느만의 노하우

10년이 넘게 집안 청소를 해오면서 제가 직접
겪었던 노하우를 따로 담아 두었어요. 읽어 두
면 제 노하우가 여러분의 노하우가 될 거예요.

청소Plus

1. 각 청소용품의 장·단점

청소용품		장점	단점
	물걸레질	• 가장 확실한 먼지 제거와 청소 효과가 있다. • 구석구석까지 청소할 수 있다.	• 무릎이 아프고, 시간이 많이 걸린다. • 걸레를 삶고 소독해야 하는 번거로움이 있다.
	대걸레 청소	• 무릎이나 허리가 아픈 게 덜하고 빠른 시간 내에 청소할 수 있다. • 걸레를 삶거나 소독하지 않아도 된다.	• 극세사 걸레에 자주 물을 뿌려주어야 하는 번거로움이 있다. • 팔에 힘이 많이 들어간다.
	로봇청소기	• 컨디션이 좋지 않거나 많이 바쁠 때, 버튼 하나만 누르면 청소가 되므로 간편하다.	• 구석구석 미세한 곳까지 청소하지 못하고, 자주 청소기 자체를 청소해주어야 한다. • 배터리나 부품들이 소모성이라 나중에 별도의 비용이 든다.

청소 방법마다 각각의 장점과 단점이 있습니다.
자신의 라이프스타일에 맞추어, 평소에는 청소기나 로봇청소기로 먼지를 제거해주고 2~3일에 한 번 정
도는 밀대 청소, 일주일에 한두 번 정도는 물걸레질을 하는 식으로 융통성 있게 청소해주면 힘도 덜 들고
깨끗한 실내 환경을 유지할 수 있습니다.

2. 걸레 깨끗이 삶기

01 걸레는 반드시 삶아서 소독해야 하는데, 우선 애벌 빨래해
서 대충 빤 후 세탁 세제와 함께 냄비에 넣으세요. 물은 끓
어 넘치지 않도록 냄비의 2/3 정도만 넣으면 됩니다. 냄
비에 넣을 때는 걸레를 길게 접어 또아리를 틀 듯해서, 가
운데는 비어 있도록 바깥쪽으로 빙 둘러서 넣어주세요.

02 소금이나 베이킹소다 한 스푼을 넣어주면, 오염이 훨씬 많
이 제거됩니다.

03 뚜껑은 반드시 닫고 삶아야 하는데, 열고 삶으면 산화되어 누렇게 변색될 수
있습니다. 끓으면 가끔 집게로 뒤적여주세요. 물이 끓으면 중·약불로 낮추어
넘치는 것을 방지해주세요. 다른 행주나 속옷, 수건 삶을 때도 참고하세요.

03

참 쉬운 청소 스케줄

1	2	3	4	5
• 침실 침구 세탁 (매월) • 세탁조 소독 • 식단 짜기	• 작은방 침구 세탁 (매월) • 주전자, 물병 물때 제거	• 패브릭류 세탁 (매월) • 가스레인지 청소 (매주)	• 욕실 청소 • 옷장, 신발장 환기	• 바닥 물걸레질 • 소품 먼지 닦기 • 베란다, 현관 먼지 제거
8	**9**	**10**	**11**	**12**
• 식단 짜기	• 주전자, 물병 물때 제거 • 장보기, 냉장고 수납	• 가스레인지 청소	• 욕실 청소 • 옷장, 신발장 환기	• 바닥 물걸레질 • 소품 먼지 닦기 • 베란다, 현관 먼지 제거
15	**16**	**17**	**18**	**19**
• 세탁조 소독 • 식단 짜기	• 주전자, 물병 물때 제거 • 장보기, 냉장고 수납	• 가스레인지 청소	• 욕실 청소 • 옷장, 신발장 환기	• 바닥 물걸레질 • 소품 먼지 닦기 • 베란다, 현관 먼지 제거
22	**23**	**24**	**25**	**26**
	• 주전자, 물병 물때 제거	• 가스레인지 청소	• 욕실 대청소 • 옷장, 신발장 환기	• 바닥 물걸레질 • 소품 먼지 닦기 • 베란다, 현관 먼지 제거
29	**30**	**31**		
• 식단 짜기 • 창문 닦기 • 냉장고위, 에어컨위, 소파뒤, TV뒤, 가구틈새 먼지 제거	• 주전자, 물병 물때 제거 • 주방 벽면, 기름때 제거, 주방 도어 닦기 • 베란다 창틀 먼지 제거 • 방충망청소(격월간격) • 세탁기 배수구 오염제거	• 가스레인지 청소 • 수세미 교체 • 제습제 교체 • 후드필터청소 • 전구 먼지 닦기 • 빗 씻기 • 칫솔 교체		

6	7
• 재활용 버리기 • 청소기 먼지 제거 • 음식물 쓰레기통 소독	• 행주 삶기 • 도마, 고무장갑 소독 • 속옷 삶기

13	14
• 재활용 버리기 • 청소기 먼지 제거 • 음식물 쓰레기통 소독	• 행주 삶기 • 도마, 고무장갑 소독 • 수건 삶기 • 밥솥 대청소

20	21
• 재활용 버리기 • 청소기 먼지 제거 • 음식물 쓰레기통 소독	• 행주 삶기 • 도마, 고무장갑 소독 • 속옷 삶기

27	28
• 재활용 버리기 • 청소기 대청소 • 음식물 쓰레기통 소독	• 행주 삶기 • 도마, 고무장갑 소독 • 수건 삶기 • 밥솥 대청소

*도표는 저의 생활을 기준으로 삼아 하나의 예시를 한 것일뿐, 그대로 하실 필요도 없고 부담감을 느끼시지 않아도 됩니다. 중요한 것은 계획표를 만드는 것입니다. 라이프스타일에 따라 계획표를 세워보세요.

매일 할 일 청소, 요리, 설거지, 빨래, 음식물 쓰레기 버리기, 가계부 기록, 스케줄 정리, 수세미 소독, 변좌 소독, 노즐청소, 밥솥 물받이와 커버 세척, 가습기 사용할 때 소독 건조

매주 할 일 행주 삶기, 도마 소독, 고무장갑 소독, 식단 짜기, 장보기, 냉장고수납, 쓰레기와 재활용 버리기, 청소기 청소, 음식물 쓰레기통 소독, 주전자와 물병 물때 제거, 욕실 청소(간단 청소, 마지막 주는 대청소), 바닥 물걸레질, 소품 닦기, 베란다와 현관 먼지 제거, 옷장 문 신발장 문 열어서 환기

격주 할 일 세탁조 세정제로 소독, 속옷 삶기, 수건 삶기, 밥솥대청소

매월 할 일 침구 세탁, 수세미 교체, 청소기 필터 청소, 냉장고, 에어컨 위 소파바닥 TV뒤 가구 틈새 등 먼지 제거, 전구 먼지 닦기, 후드필터청소, 가계부 한 달 정리, 빗 씻기, 세탁기 배수구 오염제거, 베란다 창틀 먼지 제거, 칫솔 교체, 주방 벽면 기름때 제거, 주방 도어 닦기

격월 할 일 방충망 청소

3개월마다 할 일 계절 옷, 침구, 계절신발 교체, 가구 닦기, 변기솔 교체, 가습기 사용한다면 필터 교체, 냉장고 대정리

6개월마다 할일 거실 → 침실 → 작은방 → 주방 → 욕실 → 현관 → 베란다 순서로 차근차근 재 수납정리

하루의 일과

아침 세탁기 돌리기 → 아침식사 → 설거지 → 환기 → 침구정리 → 물건들 정리 → 청소기 돌리기 → 빨래 널기 → 휴식

점심 점심준비 → 점심식사 → 설거지 → 그릇정리 → 장보기, 대청소 하기 등 디테일한 살림 또는 외출, 취미생활, 독서 등등 : 자신의 스케줄에 맞춰 오후시간 보내기

저녁 빨래 개기 → 저녁준비 → 저녁식사 → 설거지 → 그릇정리 → 휴식 → 가계부, 일기, 내일 스케줄 정리 → 욕실변좌, 노즐청소 → 휴식 및 취침

청소를 쉽게 할 수 있는 동선과 시간 배분 원칙을 알아보러 가요.

01

하루 일을 손쉽게,
동선 정하기

모든 일이 그렇듯, 청소 시 최소한의 동선을 선택하면 시간도 절약되고 '청소' 도 가벼워집니다. 저는 살림과 육아, 일까지 모두 해야 하기에 매일 해야 하는 '청소' 역시 최대한 빠르고 효율적으로 하려고 노력합니다. 청소하는 동선을 정리하면 환기 → 세탁기에 빨래 넣기 → 아침 설거지 → 침구 정리 → 살림살이 정리 → 청소 → 빨래 널기 → 휴식의 순입니다.

09:00 환기

09:10 세탁기에 빨래 넣기

09:20 아침 설거지

09:40 침구 정리

10:00 살림살이 정리

10:30 청소

11:00 빨래 널기

11:30 휴식

오전에 대부분의 일과는 끝내고 오후에는 자기계발을 하거나 미뤄두었던 살림살이를 할 충분한 시간이 생깁니다.

휴식 후 오후에 빨래 개기, 점심·저녁 식사 준비와 설거지만 남았습니다.

세탁물을 넣기 전에 바지는 뒤집어서 넣기, 상의 소매는 안으로 말아 넣어서 엉키지 않게 하기, 지퍼는 잠그기, 주머니 안에 물건 빼기, 색깔 있는 옷이나 청바지는 단독으로 세탁하기 등 원칙을 지켜주세요.

1 청소하기 전, 제일 먼저 하는 일이 '음악 틀기'입니다. 이왕이면 경쾌하고 발랄한 댄스 음악이 더 흥겹지 않을까요? 음악을 틀었다면 집 안 곳곳의 문을 활짝 열고 환기를 시켜주세요.

2 세탁기가 돌아가는 시간이 보통 1시간~1시간 30분이니, 빨래부터 돌려야 일의 아귀가 맞아떨어집니다. 3단 수납함을 이용해 속옷과 양말, 상·하의 등을 구분해서 넣어둡니다.

세탁망은 이왕이면 튼튼한 것이 오래 가고, 세탁물의 엉김에 강합니다. 너무 얇은 세탁망은 빨랫감에 엉켜서 나중에 꺼내기가 힘듭니다.

3 속옷이나 양말 등 작은 빨랫감이나, 옷감이 여린 옷들은 세탁망에 넣어주세요. 세탁망 역시 용도별로 여러 가지 종류가 있고, 빨랫감 스타일에 따라 고르면 됩니다.

4 옷의 안감에 붙어 있는 '세탁 시 주의사항'을 잊지 마세요.

5 아침 식사를 맛나게 먹었으면 설거지를 해야겠지요. 먹은 그릇은 10분 정도 물에 불리고 나서 설거지를 하면 됩니다(너무 오래 두면 세균 번식 때문에 좋지 않아요).

1 침구와 이불 정리는 일어나서 바로 하지 말고, 30분 정도 있다가 하는 것이 좋아요. 밤 사이 침구에 묻어 있는 나쁜 기운들과 세균들이 나갈 시간을 주는 거지요. 가구의 문도 열어서 환기를 시키세요.

베개는 매일 세탁하기 번거로우므로 수건을 깔아두었다가 바꿔주세요.

2 침구에 묻어 있는 세균, 집 먼지는 진드기 제거용 청소기를 이용하세요.

3 스타일에 따라 베개를 기대놓기도 하고, 쿠션을 몇 개 더 두기도 하지만 베개를 눕혀놓고 이불은 위쪽만 한 번 접어 놓은 게 잠자리에 들 때 편하답니다.

살림살이 정리

1 집안 곳곳에 흩어져 있는 살림살이들을 제자리에 정리합니다.

2 재활용 쓰레기들을 한곳에 잠시 모아두었다가 각각의 분리함에 따로 정리하면 편합니다.

청소

3 청소기로 집안 곳곳을 청소합니다. 큰방에서 작은방, 거실 순서로 해주어야 큰방에서 나온 먼지들이 거실에 모여 더러워지는 일이 없습니다.

4 청소가 끝났으면 청소기는 제자리에 두세요.

청소기는 매일 쓰는 물건이라 꺼내 쓰기 편해야 하지만, 눈에 띄면 지저분해 보이기 때문에 주방 냉장고 옆에 보관하고 있어요. 베란다보다는 꺼내기 편하고, 거실에서 잘 보이지 않아 청소기 보관하는데 적절한 장소이더군요.

빨래개기와 식기정리

1 빨래가 마르면 옷은 개어야겠지
요?

2 마른 옷을 갤 때는 집의 가장 중
앙이 되는 장소에서 각 방에 들어
가는 빨랫감을 분류한 후 정리하세요.

3 이제 마지막으로 자연 건조된 그
릇을 제자리에 두면, 청소 끝입
니다.

빨래 널기

1 젖은 옷은 세탁기가 정지한 즉시 바로 꺼내서 널으세요. 물과 적당한 온도
가 모든 세균의 온상이 되기 때문에 빨래를 세탁기 안에 오래 놔두면 좋지
않아요.

2 젖은 옷은 널기 전에 탁탁 털어
서 주름이 잘 생기지 않도록 해
주세요.

수면은 포근하게,
침실 대청소

침실은 위에서 아래의 순서로 청소하면, 먼지가 다시 모이는 것을 방지할 수 있어요. 환기 → 커튼 빨기 → 천장 몰딩 청소 → 가구 위 청소 → 조명등 청소 → 가구 닦기 → 매트 청소 → 이불 청소 → 바닥 청소 → 커튼 달기 순서로 하면 됩니다. 만약, 동선을 생각하지 않고 바닥이나 침대부터 먼저 청소를 하면, 나중에 천장에서 떨어지는 먼지 때문에 다시 청소해야 하는 난감한 사태가 벌어집니다.

1 환기를 위해 창문을 활짝 열어주시고, 두건과 마스크를 꼭 착용해주세요. 커튼은 봉에서 떼어내 세제를 푼 물에 30분쯤 담갔다가 세탁기에 돌리세요(세탁기마다 차이는 있겠지만 이불, 커튼 전용이나 섬세의류 코스에 맞춰주세요). 탈수는 1분쯤으로 짧게 해야 구김이 적습니다. 얇고 섬세한 감이라면 손으로 직접 조물조물 세탁하든가, 욕조에 담가 발로 밟아주세요.

2 밀대형 청소 도구로 장몰딩의 먼지를 제거해주세요. 먼지 털이로 터는 것보다 이렇게 닦는 것이 먼지가 집 안 전체에 날리지 않아서 더 좋습니다.

 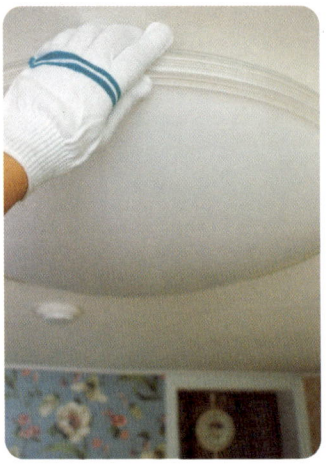 

3 의자나 스툴 위에 올라 서서 약 간의 세제와 물을 묻힌 막대 걸 레로 가구 위에 쌓인 먼지도 제거하 세요.

4 천장의 등은 완전히 벗겨내서 물 기가 살짝 있는 수건으로 먼지를 제거한 후 마른 수건으로 닦거나, 주 기적으로 자주 청소한다면 목장갑으 로 가볍게 먼지를 제거하면 됩니다.

5 원목가구나 가구를 닦을 때는 물 걸레질을 하지 말고, 가구 먼지 제거 스프레이를 사용해야 합니다. 이 때 미끄러움을 방지하기 위해 신문지 를 깔아두세요.

● 가구 먼지 제거제뿐만 아니라 어떤 스프레이든지 제품에 직접 뿌리는 것보다 는 다른 천에 일차적으로 뿌리는 게, 제품 보호 측면에서 좋답니다.

● 흰색 가구는 누렇게 변색되었을 때, 부드러운 천에 치약을 묻혀 페인트칠이 벗 겨지지 않도록 조심스럽게 문질러 닦으면 흰색이 되살아나기도 합니다.

6 가구 먼지 제거제는 가구에 직접 뿌리는 것보다 용기를 잘 흔든 후, 부드러운 천에 뿌려서 닦는 것이 좋습니다.

7 부드러운 천으로 원을 그리며 문질러 닦아주세요.

8 가구 먼지 제거제가 없다면 따뜻한 물과 식초를 1:1로 섞어서 분무기에 넣어 사용해도 됩니다.

9 침대에는 집먼지진드기가 서식해서 아토피나 천식 같은 알레르기 증상을 유발할 수 있습니다. 침구 정리를 바로 하지 말고, 이불을 침대 한편에 두어 눅눅해진 매트를 말려주세요.

10 침대 매트의 비닐포장은 벗겨주세요. 그래야만, 통풍이 잘 돼서 스프링이 녹슬거나 내장재에 곰팡이가 슬지 않아요. 매트 커버를 씌웠다가 주기적으로 자주 세탁해주는 것도 좋은 방법입니다.

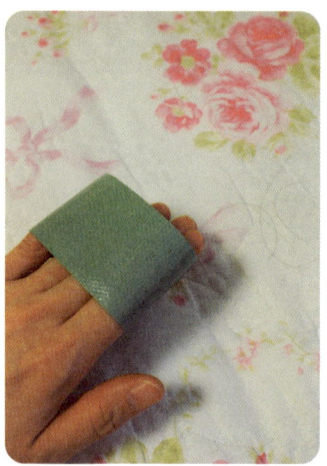

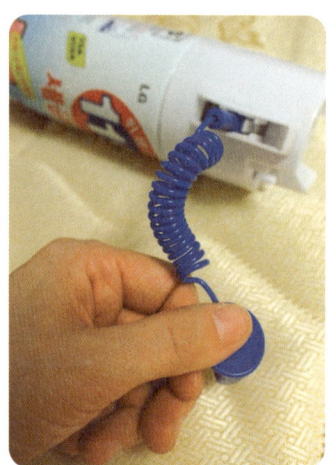

● 매트는 3개월마다 한 번씩 좌우를 바꿔주고, 6개월마다 상하를 뒤집어주면 침대 수명이 훨씬 길어집니다. 침대의 생명은 매트의 스프링에 있으니까요.
● 3월 1일, 6월 1일, 9월 1일, 12월 1일 주기로 기록해두면 훨씬 기억하기 쉽겠죠?

11 침구청소기를 사용하든지, 롤클리너를 사용하든지 아니면 사진처럼 접착테이프를 둥글게 말아서 머리카락이나 먼지를 제거해주세요.

12 침대 세균 제거제는 바늘이 달려 있어 매트 내부에 분사하기 때문에 곰팡이나 세균 번식을 막을 수 있습니다. 1회성에 그치지 말고, 45일 주기로 정기적으로 해주어야 합니다.

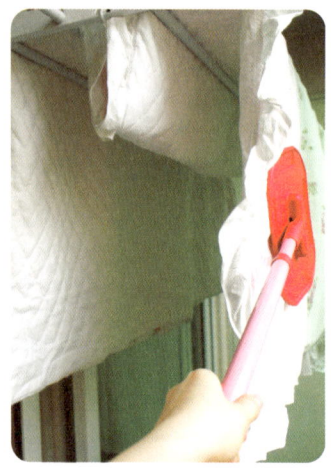

면으로 된 침구가 땀 흡수와 통기성, 피부 알레르기나 아토피 방지에 좋아요. 햇살 좋은 날, 이불을 털어 살균시킨 다음, 이불 사이에 신문지를 넣고 이불장에 보관하면 습기와 곰팡이를 예방할 수 있어요.

13 이불은 주기적으로 세탁하는 것이 좋지만, 그게 힘들 땐 이렇게 이불을 M자로 널어서 팡팡 두들겨 주는 것만으로도, 진드기가 70% 이상이 죽는다고 합니다.

14 자, 이제 바닥을 청소해야 하는데요. 가구 틈새의 먼지는 세탁소 옷걸이를 길게 만든 다음, 못 쓰는 스타킹을 씌워 청소하면 됩니다.

15 스타킹 정전기에 의해서 딸려 나온 먼지, 눈으로 직접 확인 하니 알 수 있겠죠?

16 가구 틈새까지 청소했다면, 침 대 아래 바닥 청소도 잊지 마 세요. 바닥은 매일 청소기로 닦는 것 이 기본이지만, 대청소할 때 막대 걸 레에 청소포를 끼워 닦아주면 먼지가 깔끔하게 제거됩니다.

● 커튼은 따로 말릴 필요 없이 그대로 달아도 커튼봉 자체가 세탁기 건조 대의 역할을 하 l까 잘 마릅니다

● 블라인드는 고무장갑을 먼저 끼고 면장갑을 덧끼운 다음, 블라인드 살 사이를 닦아내면 됩니다. 아니면 청소기로 먼지를 빨아들인 뒤, 엷게 푼 세제물을 천에 묻혀 닦는 것도 좋은 방법입니다.

17 커튼은 매일 청소기로 훑어 미세 먼지를 제거하는 것이 가장 좋아요. 현실적으로 힘들다면, 대청소할 때 정기적으로 세탁을 해주 든지 세균제거 스프레이를 4~5회 잘 흔든 다음, 40~50cm 거리에서 고루 뿌려주는 것도 한 가지 방법입니다.

청소Plus

1. 가구 손상 부위 대처법

먼지 제거법

가구의 위쪽 부분에 먼지 보이시죠?

물과 식초로 만든 스프레이를 천에 뿌리고 닦아 볼게요.

말끔히 사라졌습니다. 식초의 아세트산 성분이 살균 표백에 뛰어난 효과를 보여 아주 다양한 용도로 쓰인답니다. 마른 걸레로 한 번 더 깨끗이 닦아 주면 마무리됩니다.

흠집 제거법

  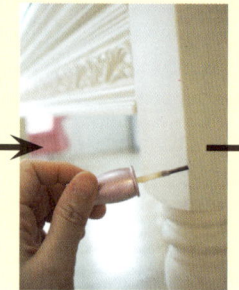

가구에 이렇게 흠집이 나면 속상한데요.

그때는 가구와 똑같은 색깔의 크레파스를 칠해 보세요. 저는 흰색 가구이니 흰색 크레파스로 메웠답니다.

끝으로 투명 매니큐어를 발라 코팅 효과를 주면 됩니다.

완벽하지는 않지만 위의 사진과 비교해 보았을 때, 감쪽같죠? 물론 이 방법은 흠집이 작게 났을 때이고, 흠집이 크게 나면 메꾸미 같은 재료를 발라야 합니다.

2. 각종 소품 닦는 법

전화기 전화기는 손때나 세균이 많이 묻는 제품이기 때문에 정기적으로 청소해주는 것이 좋아요. 소독용 에탄올이나 식초 몇 방울을 묻힌 부드러운 천으로 전화기를 고르게 닦아주세요. 수화기와 손잡이 닦는 것도 잊지 마시고요. 닦기 힘든 먼지는 면봉을 이용하면 편하게 제거할 수 있어요.

리모컨 집 안 곳곳에 있는 리모컨 역시 전화기와 마찬가지 방법으로 청소해주면 됩니다.

스탠드 스탠드등 같은 조명 기구에 끼인 먼지들은 뜨거운 열로 눌어붙기 때문에 제거하기가 어려워요. 그럴 땐 우선 휴지를 덮고, 세제 액을 뿌려주세요. 10~20분 후 먼지가 붙어서 위로 떠오르면 휴지를 떼어내고, 부드러운 천으로 닦아주세요. 먼지가 깨끗이 제거됩니다.

조리는 깨끗하게,
주방 대청소

주방청소의 동선은 환풍기 필터와 가스레인지 삼발이 물에 불려놓기 → 벽면타일, 레인지
후드에 세제 뿌려놓기 → 수납장 정리 정돈 → 물에 불린 필터와 삼발이 닦기 → 음식물
쓰레기 처리 → 주방용품 닦기(수세미, 행주, 도마, 그릇 설거지 등) → 싱크대 상판 닦기 →
싱크대 청소 → 가스레인지 청소 → 냉장고 정리 → 주방 바닥 닦기 순서입니다.

1 설거지 해서 넣어둔 그릇이라 해도 미세 먼지가 들어가므로 한 번 물에 살짝 헹궈 사용하는 것이 좋아요. 우선 주방용품과 그릇들을 트레이에 담아 꺼내 놓으세요.

2 자, 깨끗하게 비우셨나요?

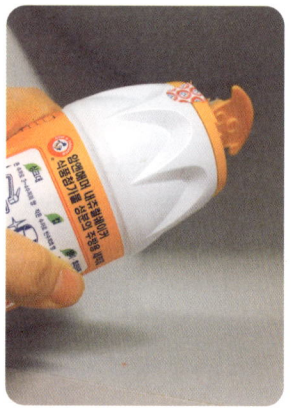

3 주부들의 만능 세제라 할 수 있는 베이킹 소다를 선반에 솔솔 뿌리세요.

4 행주를 물에 가볍게 적십니다.

5 물에 적신 행주로 닦아볼게요.

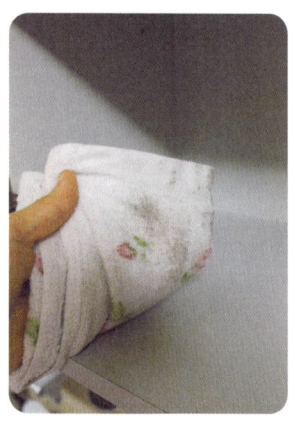

6 먼지가 깨끗이 제거되었지요?

7 마른 행주로 마무리 하세요.

8 쿠킹호일이나 신문지를 바닥에 깔아주세요.

9 트레이에 담겨 있던 주방용품들을 다시 나란히, 나란히 정리해주면 됩니다.

주방 청소 시 필요한 기본 세제

주방 청소에서 가장 기본이 되는 것은, 일반 주방세제 아니면 베이킹 소다(탄산수소나트륨, 소다라고도 해요), 식초, 소주, 치약입니다.

소다 기름때에 강하고 연마 효과가 있으며 냄새를 빨아들이는 기능이 있습니다. 단, 알루미늄 소재에 닿으면 까맣게 변하므로 주의하세요.

소주 소독과 오염 제거에 탁월합니다. 휘발성이 강해서 환기만 잘 시켜주면 냄새도 잘 빠져요.

치약 주방이나 욕실에서 스테인레스 제품 청소에 자주 사용되는 좋은 청소 제품입니다.

식초 석회질과 물때를 녹여주고 살균 및 암모니아 제거에 효과가 있습니다. 단, 철이나 대리석, 나무 제품에는 사용하지 않는 것이 좋아요. 설탕 등 조미료가 첨가된 식초보다는 쌀 등의 곡물로 빚은 식초가 더 적당합니다.

얼룩을 제거할 때는 작은 때부터 더러움이 심한 곳으로 넓혀가며 청소를 하시는 것이 좋아요. 가벼운 때를 먼저 청소하고, 오염이 심한 때는 물 → 천연세제 → 용도에 맞는 기성 세제의 순으로 사용하면 됩니다.

1 이번에는 레인지후드를 닦을 차례인데요. 레인지후드의 기름때에는 소주를 한번 이용해볼게요.

2 물로만 닦는 매직스펀지이지만, 오염도가 심한 편이라 소주를 적신 후 닦아보았습니다. 닦인 왼쪽과 닦이지 않은 오른쪽 부분이 확연히 차이가 나죠?

3 기름때가 이렇게 많이 묻어나옵니다.

4 버튼의 동그란 부분은 면봉으로 닦아주세요. 손이 닿기 힘든 작은 부분은 칫솔, 면봉, 이쑤시개 등을 사용하면 참 편리해요.

5 그리고 마른 헝겊으로 마무리 해줍니다.

6 몰라보게 깨끗해졌죠?

후드와 상판은 소주 대신 치약으로 닦으면 윤기가 나고 뽀드득해집니다. 키친타월에 세제를 뿌린 다음 10분 정도 불린 후, 잔여물을 닦아도 쉽게 제거됩니다.

주방 청소 시 필요한 기본 용품

매직스펀지 세제 없이 물만으로 찌든 때를 제거하는, 초극세사 멜라닌폼 성분으로 오염 제거가 잘 되는 편입니다. 벽지, 장판, 마루의 찌든 때와 주방, 욕실, 냉장고 등 사용 범위도 넓습니다. 용도에 따라 적당한 크기로 자른 뒤, 따뜻한 물에 적신 후 스펀지의 물기를 양손으로 제거하고 때를 닦으면 됩니다. 사용 후에는 흐르는 물에 헹군 뒤 그늘에 보관하면 됩니다. 소모성 제품이라 너무 오래 사용하지는 못하며, 광택 제품이나 전기 제품에 사용하면 안 됩니다.

부직포로 된 세정제 컴퓨터나 차량, 생활용품들의 찌든 때나 기름때가 잘 닦입니다. 모니터나 브라운관, 천연 가죽 제품에는 사용을 피해야 합니다.

살균세정티슈 사용이 편리한 대신 식기나 그릇, 도마, 신체 등 음식이나 사람이 직접 닿는 부분에는 사용을 피해야 하며, 변기에 버리면 안 됩니다.

후드 내부 청소하기

1 음식의 기름때와 오염물이 바로 묻는 후드필터도 필수적으로 깨끗이 청소 해야겠지요? 후드필터를 분리합니다.

2 칫솔과 수세미를 이용 하여 수방세세로 커버 를 깨끗이 청소합니다.

3 필터는 큰 플라스틱 바구니에 넣고 띠뜻한 물에 세제를 풀어 20~30분 동안 담아놓습니다.

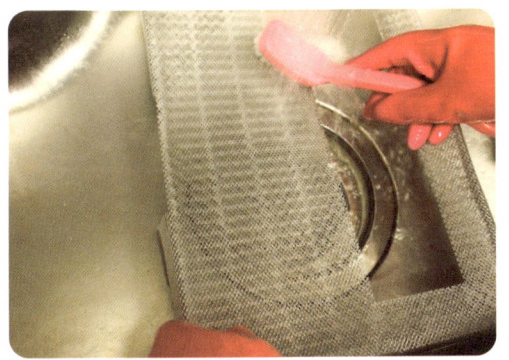

4 브러시를 이용하여 흐르는 물에 깨끗이 씻습니다.

5 칫솔과 수세미를 이용하어 쭈방세지로 커버를 깨끗 이 청소합니다.

6 커버에 필터를 끼운 후 다시 장착합니다.

가스레인지 청소하기

1 가스레인지 삼발이를 따뜻한 물에 30분 이상 불려 기름때를 분리하세요. 시간이 없을 때는 가스레인지 불에 3분 정도 쐰 후 신문지에 펼쳐놓으면 기름때가 떨어집니다. 물에 불리는 동안, 벽면타일에 세제를 뿌려 놓고요. 수납장 정리정돈을 하시기 바래요. 청소 시작 때, 물에 불린 삼발이와 버너 받침대는 모두 꺼내서 닦은 후, 맑은 물에 헹궈 물기를 완전히 제거하면 됩니다.

삼발이 오염이 심하다면, 식초 : 물 = 1 : 1의 식초물에 삼발이가 잠길 정도로 넣고, 끓으면 곧바로 불을 끄고 하룻밤 정도 재워두세요. 다음날 소다로 문지르면 말끔해집니다.

2 가스레인지는 요리를 끝내고 남아 있는 열을 이용해 닦는 것이 가장 빠르고 쉽습니다. 국물이나 음식물이 넘쳤을 때 바로 걸레나 키친타월로 닦아줘야 오염물이 오래 가지 않습니다.

3 가스레인지 상판에는 베이킹소다를 솔솔 뿌려 주시고요. 물에 적신 천으로 상판을 깨끗하게 닦아주세요.

4 그리고 마른 천으로 마무리하면 됩니다.

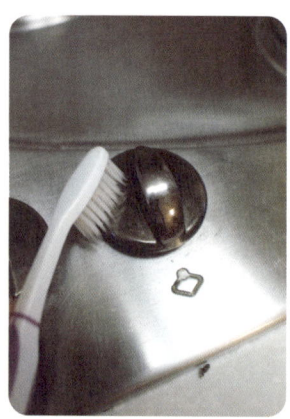

5 밸브는 칫솔에 치약을 묻혀 뽀드득 닦아주세요.

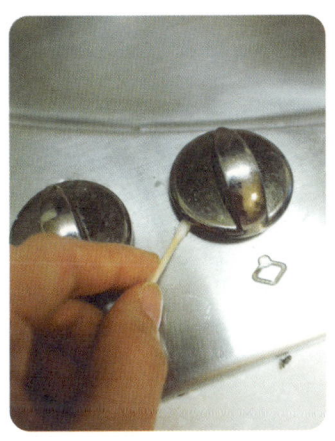  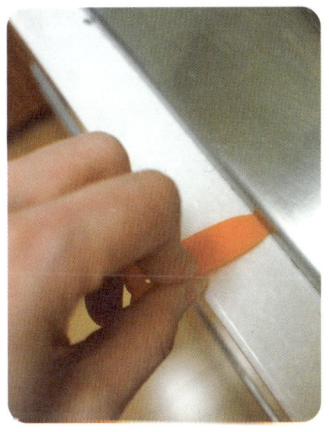

6 밸브 밑의 홈 부분은 면봉으로
묵은 오염물을 제거합니다.

7 불이 올라오는 홈은 이쑤시개로
뚫어주면 됩니다.

8 상판의 가장자리에도 보이지 않
는 묵은 때가 많으니, 스크래퍼로
싸악~ 깔끔하게 마무리해주는 센스.

주방 오염 제거 순서는 소다 뿌
리기 → 물에 적신 천으로 닦기
→ 마른 천으로 마무리입니다.
만약 오염이 심하다면 세제를
묻힌 키친타월을 깔아두었다가,
때가 불면 키친타월과 행주로
닦은 후, 마른 행주로 마무리하
세요.

전기레인지 청소하기

1 전기레인지는 사용한 후에 반드시 깨끗이 청소해야 합니다. 가벼운 오염일 경우에는 따뜻한 걸레로 닦아내거나 식초 또는 레몬으로 자국을 지웁니다.

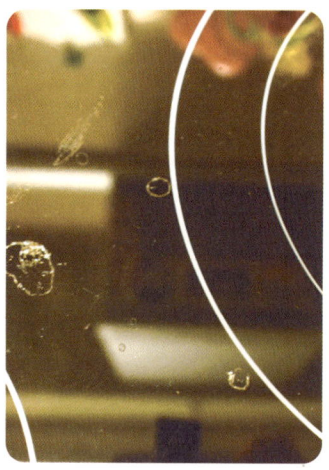

2 눌어붙은 자국이나 오염이 심할 경우에는,

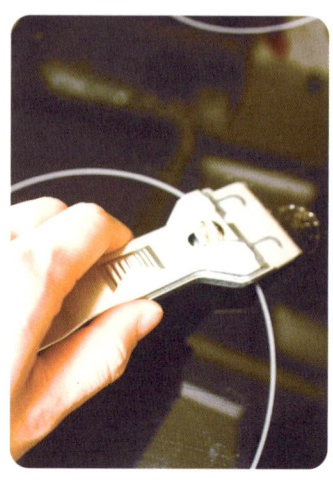

3 스크래치가 생기지 않게 전용 스크래퍼로 조심해서 긁어냅니다.

4 반드시 전기레인지 전용 세제인지 확인하고 흔들어서 골고루 뿌려줍니다.

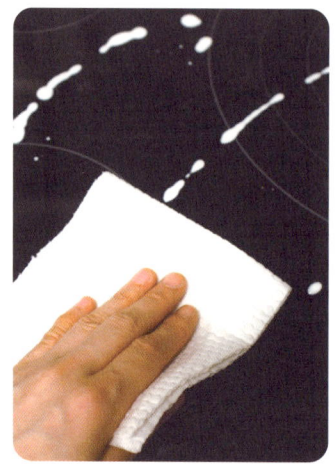

5 오염된 부위가 녹도록 잠시 기다린 후에 키친타월로 닦아냅니다.

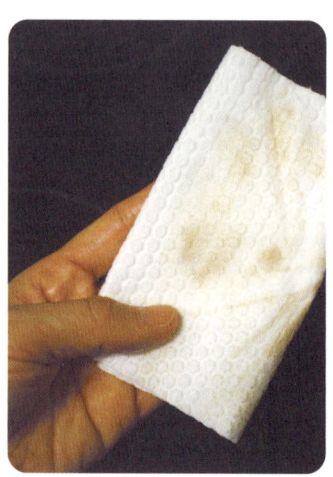

6 조리판에 전용 세제가 남지 않도록 깨끗하게 닦아야 합니다.

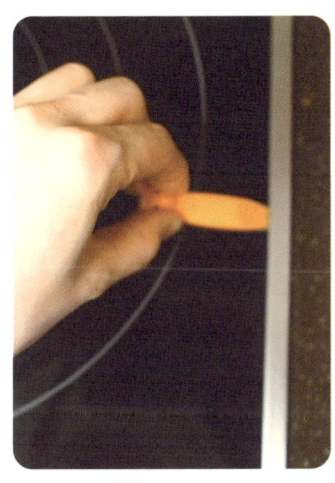

7 사용하다 보면 틈새에 오염물이 끼이는 경우가 있는데, 플라스틱 스크래퍼로 조심스레 찌끼기를 제거합니다.

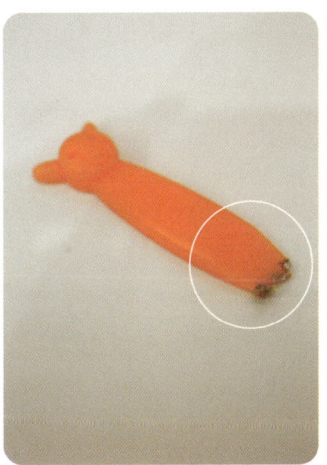

8 끝 쪽에 오염물이 묻어 나온 거 보이시죠? 만약 플라스틱 스크래퍼가 없다면, 식빵 클립의 딱딱한 부분을 사용하셔도 됩니다.

9 사용한 지 몇 년이 지났지만 여전히 새제품 같은 이유는 평소에 청소와 관리를 철저히 해주기 때문이랍니다.

각종 주방소품 청소하기

■ 행주

주방에서 사용하는 행주, 수세미, 도마 등은 음식물과 접촉되는 소품이므로 위생적으로 세척되어야 합니다. 주방 소품은 수분과 함께 오물이 남아 있으면 세균 번식이 활발해져 가족의 위생을 위협할 수 있으므로 항상 청결을 유지하도록 노력하는 것이 중요합니다.

1 가장 간단하고도 효과적인 소독법 중 하나입니다. 행주가 잠길 정도의 물에 행주를 담그세요.

2 베이킹소다 4큰술(대략 밥수저로 4번)을 넣은 후, 하루 정도 담가두면 깨끗해집니다.

행주 위생적으로 사용하는 법

01 한 번 사용한 행주는 세제로 깨끗이 빨아 오물을 없앤 다음 락스 등의 표백제를 풀어놓은 물에 30분 이상 담급니다.

02 세제를 넣고 삶은 후에 헹궈 햇볕에 소독합니다. 이때 식초를 넣으면 소독과 냄새 제거에 좋습니다.

03 겨울철에는 주 2회, 여름철에는 이틀에 한 번 정도는 삶는 것이 좋습니다. 바쁠 때는 위생팩에 행주와 세제, 물을 넣고, 충분히 흔든 후 묶은 다음, 전자레인지에 1~2분 정도 돌리는 방법이 있습니다. 이 방법은 간단하긴 하지만 환경 호르몬 문제 등 여러 논쟁이 있어, 되도록이면 가끔 사용하는 것이 좋습니다.

04 누렇게 변한 행주는 쌀뜨물에 2~3시간 담그면 어느 정도 깨끗해집니다. 주의할 점은 처음 씻은 물은 버리고 두 번째 씻은 물을 써야 합니다. 쌀뜨물도 천연 소재라 많이 쓰이는데 첫 번째 물은 농약 잔여물이 나올 수 있습니다.

05 세균은 보통 영하 1도면 모두 살균되므로 시간이 없다면 깨끗한 위생팩에 넣고 냉동실에 10~20분 정도 얼립니다.

06 행주는 오물을 1차적으로 닦을 젖은 행주, 2차로 깨끗이 마무리할 마른 행주를 준비해두어야 위생적으로 사용할 수 있습니다.

■ 수세미

1 수세미에 남은 주방세제는 오히
려 세균을 번식시키므로 식초나
표백제에 30분 이상 담근 후 물로 충
분히 헹궈서 햇볕에 말려주세요.

2 수세미는 통풍이 잘 되는 철제 수
납장에 보관하는 것이 좋습니다.

3 물이 완전히 빠지고 건조해진
수세미는 물이 닿지 않게 따로
보관해둡니다. 수건이 있는 곳은 자꾸
만 수세미에 물이 닿아 금방 젖어 버
리더라고요.

4 장마철에 수세미가 잘 마르지 않
을 때는 헤어드라이어로 좀 더
빠르게 말리는 방법도 있어요.

5 수세미는, 철제, 아크릴 등 그
사용처에 따라 여러 가지가 있
는데, 아크릴 털실 수세미는 강하게
문질러도 그릇에 흠집이 나지 않아서
효율적입니다.

수세미를 급히게 소독해야 할
때는 전자레인지에 잠깐 돌립
니다. 수세미의 유효 기간은
아무리 길어도 한 달입니다.
여유분을 준비해
두었다가 한 달
간격으로 교체해
주세요.

■ 도마

❶ 나무 도마는 칼자국에 세균이 잘 번식하므로 자주 건조시켜주어야 해요. 생선 비린내가 심할 때는 녹차를 우려낸 뜨거운 물로 소독하면 냄새가 많이 가십니다.

❷ 도마는 육류용, 생선용으로 구분해서 사용하는 것이 가장 좋으며 식초물에 도마를 담그고 한나절 정도 둔 후 뜨거운 물로 헹궈서 소독하면 좋습니다. 식초물의 비율은 식초 1/4컵, 소금 1/2큰 술, 물 3/4컵 정도입니다. 평소에는 커피나 차를 끓이고 남은 뜨거운 물이 있으면, 도마에 부어 소독하는 것이 좋아요.

주방소독, 간편하게 하는 법

01 매일매일 삶고 소독할 수만 있다면 더할 나위 없이 좋겠지만 그렇게 하다 보면 살림이 너무 힘들어 지치게 됩니다. 원칙은 지키되, 가끔씩 간편하고 다양한 방법들을 활용하는 지혜도 필요한 법이지요.

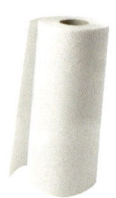

02 요즘은 빨아 쓰는 키친타월이나 살균세척기 같은 제품들이 있으니, 가끔씩 이런 제품들을 활용하는 것도 좋을 듯합니다.

■ 설거지 하기

수세미에 세제를 묻혀 설거지하는 것보다, 개수대통에 담긴 물에 세제를 풀어서 하는 것이 더 잘 닦입니다.

1 설거지를 할 때는 10분 정도만 따뜻한 물에 담궈두면 되는데, 크기가 큰 그릇부터 차곡차곡 쌓는 이른바 '타워세척'이 효율적입니다.

타워세척을 하면 맨 위의 물이 아래쪽으로 자연스럽게 떨어져 오염이 대충 씻기기도 하거니와 헹굼은 그 반대의 순서가 되기 때문에 건조대에 그릇을 쌓을 때도 효과적이에요.

2 수저는 긴 통에 담궈서 나중에 따로 씻고 헹구세요. 건조할 때도 칸막이가 있는 수저 건조대에 두면 정리하기가 편해요.

3 그릇은 자연 건조시키는게 좋은데, 만약 급하게 그릇을 닦아 넣어야 할 일이 생기면 그냥 일반 행주보다는 물기전용 행주로 닦아주는 것이 좋아요. 행주는 처음에 한 번 세탁 후 사용하면 더 효과적이고, 사용 후에는 깨끗이 헹구어 건조시켜줍니다.

주부습진 피하는 법

손 닿기 쉬운 서랍 안에 면장갑과 핸드크림을 넣어 두세요. 설거지를 할 때에는 반드시 고무장갑 안에다 면장갑을 끼고 해야 주부 습진을 예방할 수 있고, 설거지하고 난 다음에는 핸드크림을 발라야 여러분들의 섬섬옥수가 거칠어지는 것을 막을 수 있습니다.

싱크대 청소하기

1 싱크대 상판을 닦아 볼 까요? 우선 베이킹소다를 골고루 뿌려주세요.

2 부드러운 천 으로 닦아 줍 니다.

3 오염물이 눈에 보이죠? 마지막 에 깨끗한 마른 천으 로 마무리합니다.

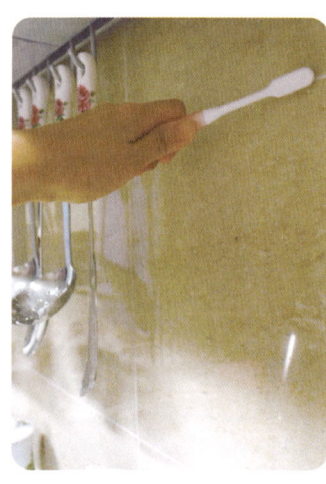

4 벽면타일 역 시 세제 묻힌 천으로 닦아주고, 타일 틈의 오염은 칫솔에 세제를 묻 혀 닦아주면 효과 적입니다.

5 배수구 역시 물과 오염, 냄새로 심한 곳이죠. 마찬가지로 소다를 골고루 뿌린 후 수세미나 솔로 닦으면 됩니다.

6 소다를 뿌린 배수구 뚜껑도 구석구석 닦아주세요.

7 거름망 역시 솔이나 칫솔로 홈이나 구멍까지 말끔하게 청소해주세요.

8 배수구의 홈 안쪽도 칫솔로 청소해주세요.

9 그리고 뜨거운 물을 골고루 뿌려 소독해줍니다.

10 식초 물을 흘려보내면 악취를 막을 수 있어요.

11 배수구와 싱크대는 물때와 음식물 때로 오염이 가장 심한 곳이므로 자주자주 청소해주는 것이 좋아요.

12 그냥 지나치기 쉬운 수전과 수전 근처도 반드시 닦아주어야 하는데, 칫솔에 치약을 묻혀 닦으면 깨끗해집니다.

13 레버를 열고 닫는 곳도 닦아주시구요.

14 수전의 몸통과 바닥도 쓱싹쓱싹. 수전의 둘레 뒤는 손길이 미치지 않아 묵은 오염이 많으니, 한 번 더 신경 써서 청소해주세요.

15 싱크대 사방의 둘레도 세심하게 한 번 더 닦아줍니다.

16 이제 물을 사용하는 청소는 다 끝났으니, 마지막으로 마른 걸레로 물기를 말끔히 없애주면 됩니다.

17 깨끗해진 싱크대를 보니 마음까지 투명해지는 것 같습니다. 무릇, 청소라는 것이 할 때는 힘들지만 이렇게 눈에 보이는 결과물이 나타날 때는 뿌듯한 법이지요.

- 휴대용 치약과 칫솔 하나쯤 주방에 수납해두면 청소하다가 따로 욕실로 가지 않아도 되니 편합니다. 청소하다가 도구 찾느라 이곳저곳 다니다 보면 일의 흐름이 끊겨 시간이 오래 걸리는 법이거든요.

- 때 묻은 싱크대는 쓰고 남은 무나 오이 자투리 단면에 세제를 묻혀 닦으면 더 반짝반짝 해집니다.

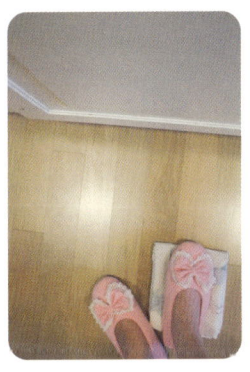

1 주방 바닥은 못 쓰는 수건을 사각으로 접어 두었다가, 물이 튈 때마다 발로 쓱쓱 닦아주면, 바로 바로 물기를 제거할 수 있어 편합니다.

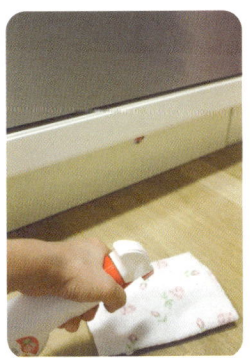

2 기름때나 물때가 많이 묻은 경우에는 스펀지나 마른 천에 세제를 뿌린 뒤, 오염물을 제거합니다.

3 마지막으로 마른걸레로 마무리합니다. 식용유 등을 쏟았을 때는 밀가루를 솔솔 뿌린 후 제거하면 기름 흡수가 되어 잘 닦입니다.

4 기름때가 많이 묻는 가스레인지 쪽 바닥의 오염물은 쌀뜨물을 받아서 분무기로 마른걸레에 뿌린 후, 닦으면 됩니다. 오염물이 좀 더 쉽게 묻어나고 광택까지 납니다.

5 주방의 잡내나 좋지 않은 공기는, 창문을 열어 환기를 시킨 후, 후드를 틀어 없애줍니다. 방향제보다는 탈취제가 냄새를 확실히 잡아주며, 양초를 켜두면 어느 정도 냄새가 옅어지기도 합니다.

04

거실, 방 청소

휴식은 아늑하게, 거실 & 방 대청소

집에 들어오면 대부분의 시간을 거실, 방에서 보냅니다. 집에 들어섰을 때 깨끗한 거실, 방을 보면 안정된 마음으로 하루의 피곤함을 풀 수 있습니다. 그런데 너저분하게 널려 있는 책, 빨래, 쓰레기가 당신을 맞이한다면? 없던 짜증도 생길 수밖에 없습니다. 청결한 환경을 위해서라도 신경을 써야 한다는 사실을 잊지 마세요.

1 우선, 청소기를 한번 돌려주세요.

2 그리고 분사기에 물을 넣어 공중에 한 번 뿌려주면, 청소 후 공기 중에 흩어져 있는 미세 먼지가 가라앉는답니다.

3 그 다음 물걸레질을 시작하는데요. 사실, 물걸레질을 잘못하면 오히려 세균이 더 퍼질 수 있답니다. 우선 깨끗한 걸레를 3~4개 준비해서 교대로 닦아주세요.

4 물걸레질을 할 때는 바닥의 결방향 대로 청소하되, 걸레가 자기 몸 쪽으로 오게 뒷걸음치며 해야 합니다. 걸레 방향으로 몸이 움직이면, 자신이 방금 깨끗하게 청소한 곳을 무릎이나 옷으로 다시 더럽히는 결과를 낳게 되거든요.

걸레는 손바닥으로 훔칠 정도 크기의 사각으로 접어서, 조금 더러워지면 다른 쪽으로 접어 계속 깨끗한 면으로 닦으면 됩니다. 그리고 걸레질이 끝나고 나서는 반드시 삶아서 소독해야 합니다.

1 베이킹소다를 솔솔 뿌리고, 15분 정도 지나고 청소해주면, 소다의 흡착과 탈취 효과 덕분에 먼지와 냄새가 제거됩니다. 베이킹소다 대신 굵은 소금을 뿌려도 괜찮습니다.

2 카페트 전용 노즐을 끼워 청소해도 되는데, 카페트 전용이 없다면 청소 세기를 '강'으로 조절한 후 살짝살짝 떼듯이 청소합니다.

밀대걸레로 청소하기

사실 저는, 살림을 10년 넘게 하면서 오로지 청소기와 물걸레만을 사용해왔어요. 물걸레질이 몸은 힘들긴 하지만, 오염 제거가 확실히 되고, 구석구석까지 청소할 수 있거든요. 그런데 물걸레질을 오랫동안 하면 무릎도 아프고, 허리도 아프고, 걸레를 빨 때 손목도 시큰거리고, 매번 삶아서 소독해야 하는 등 번거로운 일이 많습니다. 주부들에게 힘든 물걸레질만 하라고 강요하면 안되겠죠?

마른
걸레용

젖은
걸레용

1 대걸레도 여러 가지 제품이 있는데, 제가 선택한 제품은, 방향조절이 자유롭고, 걸레의 탈부착이 편하며, 오염 제거에 탁월하고 삶을 필요가 없는 극세사 걸레입니다. 빨간 걸레는 마른걸레용이고, 파란 걸레는 젖은 걸레용입니다. 벨크로가 붙어 있어 걸레 교환이 편하고, 청소할 때는 밀림도 없고 잘 떨어지지도 않습니다.

2 저가의 중국 제품은 봉 자체도 약하고 극세사 걸레도 부실한 경우가 많으므로 인지도 있고 상품평이 좋은 국산 제품으로 선택했습니다.

3 걸레 자체를 물에 적시는 것보다 분사기에 물을 넣어 걸레에 뿌려주는 것이 좋습니다.

4 바닥의 결방향대로 열심히 청소해보았어요.

5 사진 상으로 잘 나타나진 않지만, 오염이나 머리카락 제거가 잘됩니다.

6 좁은 틈이나, 구석진 곳, 천장 같은 곳도 청소할 수 있으며, 체형에 맞게 봉 길이도 조절되어 편합니다. 젖은 걸레용으로 닦고 나서 마른걸레로 마무리하면 되는데, 정전기 효과로 흡착이 잘 되므로 쌓인 먼지나 머리카락을 청소하는 데 탁월합니다. 흔히 극세사라고 하는 마이크로 파이버는, 실 한 가닥 굵기가 머리카락 굵기의 1/100 이하인 미세한 산소계 섬유로 흡수력이나 닦임성이 탁월해 오염 제거 능력이 좋습니다.

7 대걸레를 구입할 때 같이 온 여분의 패드를 번갈아 교환하여 청소할 수 있어 편하고, 청소하고 나면 삶을 필요 없이 손빨래하거나 세탁기에 넣으면 됩니다. 직접 대걸레로 청소해보니, 물걸레질만큼의 개운함은 없지만 청소 효과도 있고 무엇보다 무릎을 구부리지 않고 청소할 수 있어 편합니다.

먼지 털기

먼지떨이로 탁탁 털면 오히려 공기 중에 먼지가 더 날릴 것 같아 꺼려 했었는데요. 요즘엔 특수 화학실로 만든 흡착식 먼지떨이가 나와 있어 손쉽게 청소할 수 있습니다. 흡착된 먼지는 가볍게 털어내면 되고요. 더러워졌을 때는 세탁만으로 새것처럼 된답니다.

1 이렇게 키보드 위에 쌓인 먼지 청소도 가능하고요.

2 손이 닿기 어려운 에어컨, 냉장고 위의 먼지도 손쉽게 제거할 수 있답니다.

3 자칫 지나치기 쉬운 책 위에 쌓인 먼지도 먼지떨이로 간단하게 청소 끝~.

4 홈이 많이 파인 장식 소품의 먼지도 쉽게 제거됩니다.

5 장롱 밑에 쌓여 있는 먼지도 깔끔하게 없애주지요.

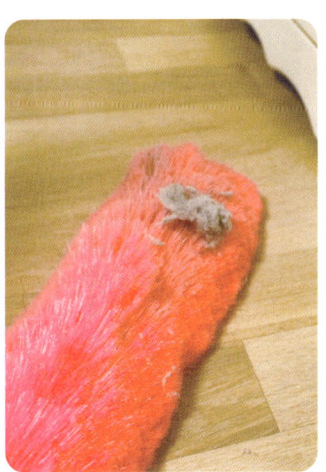

6 바닥 청소 시에는 방비처럼 쓸어서 사용하고요. 먼지 제거 시에는 원을 그리듯 문질러주면 됩니다.

패브릭 소파 청소하기

패브릭 제품은 포근한 느낌을 주고 가격도 저렴하지만 청소를 게을리 하면 털 사이에 먼지가 껴서 건강을 해치고, 습기 찬 날에는 퀴퀴한 냄새도 납니다. 패브릭 제품도 여기서 알려주는 몇 가지 팁만 알고 있으면 어렵지 않게 항상 산뜻하게 사용할 수 있답니다.

1 패브릭 소파를 청소할 때는 우선 깨끗한 고무장갑에 물을 적신 후, 소파 결방향 대로 쓸어내립니다.

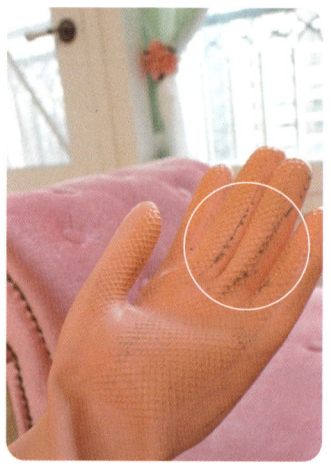

2 눈에 보이지 않던 작은 먼지와 오염물이 묻어 나오는 게 보이죠?

3 패브릭 전용 청소기나 핸디청소기로 조심스레 먼지를 제거합니다.

4 고무장갑으로 제거되지 않았던 미세 먼지까지 깨끗이 제거됩니다.

5 오염이 되면 즉시 물만 묻힌 천이나 물티슈로 살살 오염된 곳을 닦습니다. 오염이 심하지 않은 것은 잘 지워집니다.

6 오염이 흔적도 없이 사라졌어요.

7 마른 천으로 꾹꾹 눌러서 말려주면 됩니다.

8 오염 상태가 심하고 오래된 것인 때는 중성세제를 묻힌 후 문지르지 말고 살짝 훔쳐내면 되는데 마르고 나면 세제 찌꺼기나 흔적이 미세하게 남을 수 있어요.

가죽 소파 청소하기

가죽 소파는 직사광선을 가장 조심해야 하고, 땀에 젖은 몸으로 앉으면 탈색되므로 주의해야 합니다. 오염이 생겼을 때는 반드시 가죽용 세척제나 콜드크림을 사용해야 하며, 평상시에도 부드러운 천으로 가볍게 닦아주면 좋습니다. 소파 패드나 방석을 사용하면 분위기도 바꿀 수 있고, 커피나 오염물이 쏟아졌을 때도 빠르게 응급처치할 수 있으니 사용해보는 것도 좋을 듯합니다.

극세사 장갑으로 청소하기

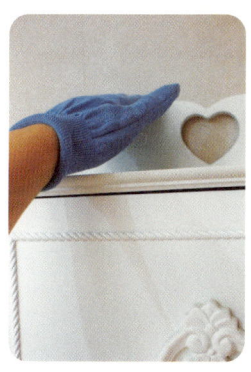

1 거실에 있는 소품을 닦을 때는 극세사 장갑을 끼고 닦으면 편합니다.

2 한번 인터폰 케이스를 닦아볼게요.

3 극세사라 먼지 제거에 탁월하고, 장갑 형식이기 때문에 구석구석 청소하기도 편합니다.

4 극세사 장갑으로 닦을 수 없는 미세한 곳의 먼지는 면봉과 이쑤시개로 청소하면, 거실 청소 끝~.

05

욕실 청소

물때 없이 말끔하게,
욕실 대청소

욕실 청소의 키포인트는, 샤워나 목욕 후 바로 한다는 것입니다. 수증기로 물기 가득한 욕실은 청소하기에 안성맞춤입니다. 게다가 따로 청소하는 시간을 갖는다고 생각하면 부담스럽지만, 목욕 후 바로 하면 일의 처리도 빠릅니다. 욕실 청소의 동선은 **천장 → 욕조 → 세면대 → 변기 → 바닥 → 마른걸레로 마무리 → 환기** 순서로 하면 되고, 청소용품 역시 베이킹소다, 식초, 치약, 브러시, 헌 칫솔이면 충분합니다.

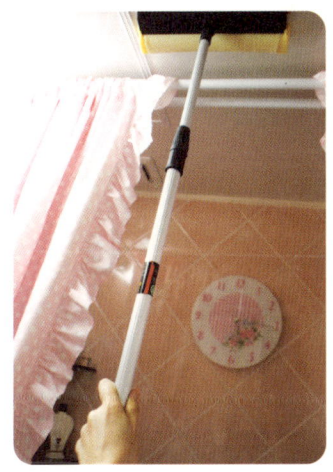

1 유리 닦이의 스펀지 부분으로 천장을 닦습니다.

2 바닥의 머리카락을 제거해 줘야 겠죠?

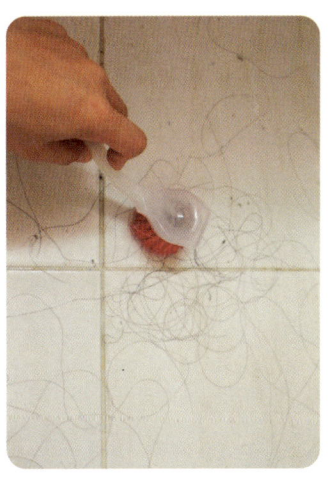

3 머리를 감고 나서, 수건이나 빗, 세면대에 묻은 머리카락까지 모두 바닥에 떨어뜨린 후, 브러시로 원을 그리듯이 둥글게 쓸어 모아주세요.

4 배수구에 있는 머리카락도 잊지 마시고요.

5 이렇게 머리카락이 모두 모아진답니다.

욕조 청소하기

1 욕조의 배수구는 작으므로 칫솔로 청소해주세요.

2 브러시와 칫솔에 묻은 머리카락은 휴지통에 버려 주세요.

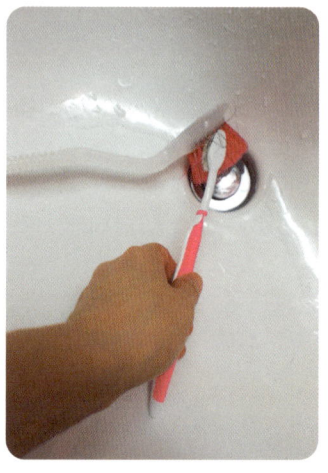

3 브러시에 머리카락이 끼여 잘 안 빠질 때가 있어요. 그럴 땐, 칫솔로 빼면 잘 빠집니다. 칫솔은 작아서 휴지로 그냥 빼도 쏘옥 빠져요.

욕조 용품 청소하기

1 욕실은 습기가 가득 차 있다 보니 니켈로 되어 있는 욕실용품에 녹이 슬기 쉬워요. 이때 만능 청소용품 베이킹소다로 닦으면 됩니다.

2 천에 베이킹소다를 적당량 묻힌 후, 녹이 있는 곳을 깨끗이 닦아 내세요.

3 놀랄 정도로 깨끗해졌죠? 그 많던 녹이 하나도 보이지 않는군요.

샤워기가 니켈로 되어 있는 경우, 식초를 사용하면 변색될 수 있어요. 플라스틱으로 되어 있는 샤워기는 따뜻한 물 1ℓ 에 식초 1컵을 섞어 한 시간 정도 담가두었다가 건져내면 깨끗하게 됩니다. 식초가 물때의 주성분인 칼슘을 분해해주기 때문이지요.

4 보통 욕실 타일 벽면에 선반이 한두 개쯤 달려 있을 텐데요.

5 욕실용품을 들어내보면 바닥이 물기와 오염으로 더럽혀져 있는 걸 볼 수 있어요.

6 베이킹소다를 묻힌 천으로 닦아 내면 말끔해진 바닥을 볼 수 있 습니다.

7 샤워기의 수압이 약해졌다면, 물 때가 끼어 있는 것일 수 있어요. 니켈로 되어 있는 샤워기는 중성세제 를 희석한 물에 담구어 물때를 제거 해주세요.

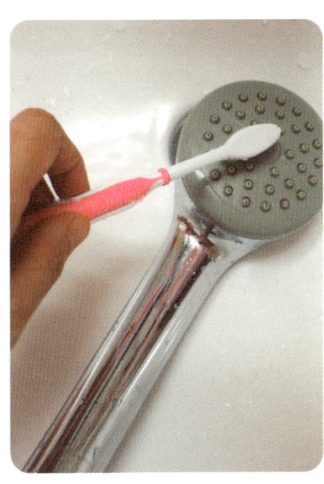

8 칫솔로 샤워기를 문지른 후 헹 궈 물때를 제거해주세요.

9 구멍은 이쑤시개로 청소하면 훨 씬 깨끗해집니다.

세면대 청소하기

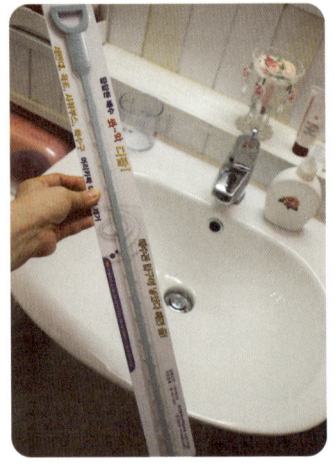

1 배수관에 물이 잘 안 내려가고, 악취가 난다면 머리카락이나 물때, 오염물이 가득 찼기 때문입니다. 이럴 때는 배수관을 따로 분해하지 않고서도 머리카락을 제거할 수 있는 도구를 사용하면 됩니다. 가격도 2~3천 원으로 저렴하고 사용법도 간단해요.

2 그냥 세면대 뚜껑 틈으로 넣었다가, 오염물이 튀지 않도록 조심스럽게 꺼내면 됩니다.

3 이런 도구가 없다면 베이킹소다 1컵과 식초 1컵을 배수구에 부어 거품이 생기길 기다렸다가 뜨거운 물을 붓고 뚜껑을 닫아 놓아도 됩니다.

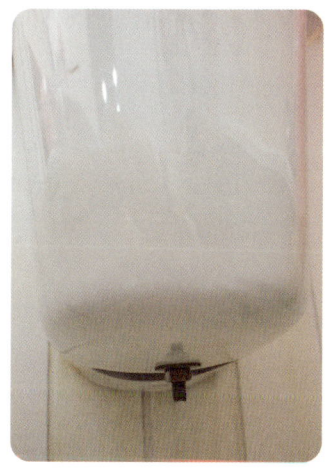

4 그래도 되지 않는다면 마지막 방법으로 배수관을 분해합니다.

5 배수관이 노출되어 있는 욕실도 많은데, 저희 집처럼 도기가 있는 곳은 우선 스패너로 분해를 해주면 됩니다.

6 나사를 풀어서 분해한 모습이에요.

7 배수관의 연결고리를 왼쪽으로 돌려서 조심스럽게 풀어주세요.

8 이렇게 분리가 되겠죠?

9 그럼 위쪽의 뚜껑이 이렇게 빠집니다.

10 우선 길이가 길고 폭이 좁은 솔로 물 내려가는 곳을 청소해주세요.

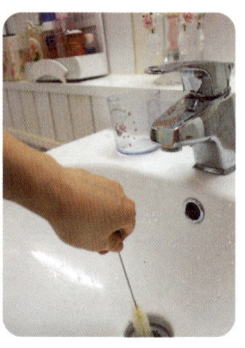

11 직선으로 넣어서 둥글게 싹싹 오염물을 닦아내면 됩니다.

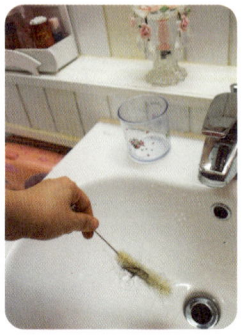

12 이렇게 머리카락과 오염물이 딸려 나옵니다.

13 그리고 뚜껑에 묻어 있는 오염물과 찌꺼기는 칫솔로 깨끗이 닦아주세요.

14 청소가 다 끝났으면, 분해하는 역순으로 다시 조립해주면 됩니다. 뚜껑을 수평으로 맞추어 구멍에 넣으세요.

15 아래의 배수관 귀에 잘 끼워 맞춰졌는지 확인합니다.

16 연결 고리를 조립할 때, 너무 꽉 막으면 뚜껑이 잘 안 움직이고 너무 헐겁게 하면 물이 샐 수 있으니, 몇 번 뚜껑을 넣었다 뺐다 하면서, 강약 조절을 해주세요.

배수관 청소 시, 혼자서 하는 것보다 남편에게 도움을 청하는 게 좋을 듯해요. 확실하게 하고 싶다면, 대형 스패너로 U자 배수관까지 분해해서 더 깨끗이 해주어도 됩니다.

17 뚜껑이 잘 맞춰졌는지 마시막으로 확인합니다.

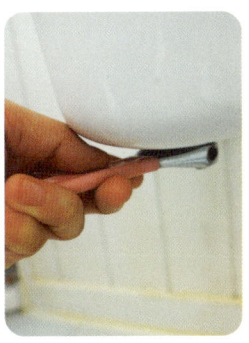

18 스패너를 오른쪽으로 돌려 도기를 조립하면 끝.

19 칫솔에 치약을 묻혀 수전 뒤쪽은 물론이거니와, 이렇게 물이 나오는 아래쪽도 잊지 말고 닦으세요.

20 잠시 물을 틀어놓고 밸브 틈도 잊지 말고 닦아주세요. 손이 가지 않아, 의외로 물때가 많이 끼는 곳입니다.

21 뚜껑도, 뚜껑 홈도 열심히, 열심히 닦으세요.

22 세면대 위쪽 홈도 잊지 말고 닦으세요.

빗, 양치컵 세척하기

1 빗도 정기적으로 잊지 말고 세척해주세요. 칫솔에다 샴푸를 묻혀 빗 사이에 있는 머리카락과 때를 제거해주면 됩니다. 헌 칫솔도 오염물을 제거하는 것과 이렇게 깨끗하게 사용해야 하는 것을 구분해서 사용해주세요. 빗을 더러운 오염물을 제거한 칫솔로 닦을 순 없잖아요? 칫솔에 따로 네임펜으로 분류해서 적어두면 헷갈리지 않습니다.

2 브러시용 빗도 깨끗이 닦아주시고요.

3 양치컵은 자칫하면 무심코 지나칠 수 있어요. 하지만 이렇게 컵 바닥에 물때가 끼어 있으니 정기적으로 세척해주세요. 설거지할 때 같이 한 번씩 컵을 닦아주면 됩니다.

변기 청소하기

1 변기용 세제를 부은 다음 변기 안쪽의 홈을 깨끗이 닦으시고,

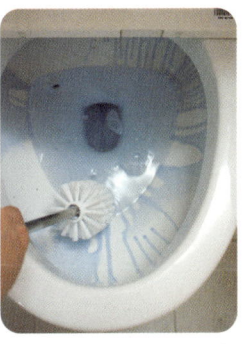

2 변기 바닥도 깨끗이 닦으세요.

3 물 내려가는 곳은 특히 오염이 많이 묻어 있으니 더 신경 써서 닦아수세요.

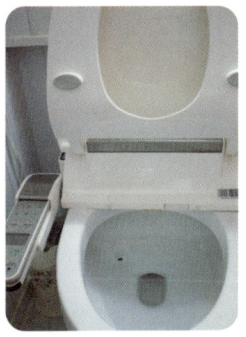

4 정말 깨끗해졌네요.

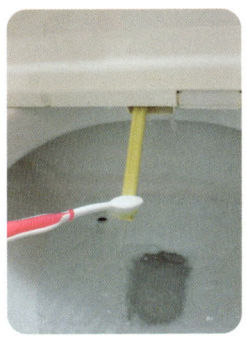

5 비데는 노즐을 청소해주지 않으면 오히려 건강에 좋지 않으니 잊지 마세요. 살짝 노즐을 꺼낸 후, 베이킹소다를 묻힌 칫솔로 조심조심 닦아주세요.

6 노즐이 나오는 홈은 면봉으로 닦아주세요.

7 이렇게 오염물이 의외로 많이 나옵니다.

8 비데는 물청소를 하면 안 되기 때문에, 항균 변기 티슈로 닦아주세요. 비데가 아닌 분들은 그냥 물청소를 해주어도 무방합니다.

● 변기솔은 1회용도 있지만, 일반 솔을 쓸 경우는 3개월에 한 번씩은 교환해주는 것이 좋아요. 변기솔 교환일을 3월 1일, 6월 1일, 9월 1일, 12월 1일 식으로 기록해두면 기억하기 편할 겁니다. 그리고 사용하고 나면, 반드시 펄펄 끓는 물을 부어서 소독한 후 물기를 제거하고, 햇볕에 말리는 것도 잊지 마세요.
● 변기 안쪽이 너무 더러워져서 잘 안 닦일 때는, 휴지에 세제를 흠뻑 묻혀 변기 안에 붙힌 다음 오염물이 휴지에 붙어나면 그때 떼어내고 청소해주면 됩니다.

9 변기 티슈로 변기를 닦아주세요.

10 앉는 곳은 더 신경써서 깨끗이 닦아주세요.

11 리모콘도 함께 청소해주세요.

12 시트 아래쪽도 닦고,

13 깨끗한 마른걸레로 마무리해주면 됩니다. 아무래도 변기는 따로 청소한다기보다 일상 속에서 되도록 자주 청소하는 것이 좋아요.

변기가 막혔을 경우

01 여러 가지 이유로 변기가 막힐 때가 있는데요. 보통 '뚫어뻥'이라고 하는 압축기를 사용하거나, 변기 뚫는 약품을 많이 사용할 거예요. 그것도 없다면 급할 때는, 변기 솔에 비닐을 묶어서 물 내려가는 곳을 펌프질하는 방법도 있어요. 하지만 그걸로도 효과가 없을 때 철물점에서 파는 1만 원대의 '만능 관통기'라는 게 있답니다. 전문

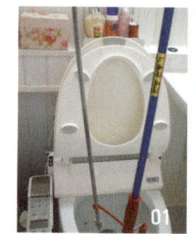
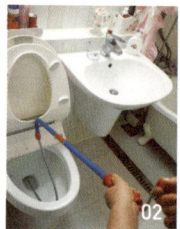

가를 부르는 그 비용이 만만찮기에 이런 도구 하나쯤 두면 효과적입니다.

02 긴 노즐이 안쪽까지 들어가서 막힌 것을 뚫는 것인데, 넣을 때는 오른쪽으로 손잡이를 돌리면 되고, 빼낼 때는 왼쪽으로 손잡이를 돌리면 됩니다.

도구도 중요하지만 평소에 변기 안에 휴지나 물티슈 등 다른 오염물을 넣지 말고 항상 변기 뚜껑을 닫아서 실수로 칫솔이나 다른 물건들이 들어가지 않게 예방하는 것이 중요하겠죠?

나무 패널 오염물질 제거법

상한 우유의 지방분이 나무 패널에 윤이 나게 해주는데다가, 암모니아 성분이 있어 오염물을 제거해줍니다.

1 요즘은 욕실 인테리어도 다양해져서 나무 가구를 두거나, 나무 패널을 대는 곳도 있는데 나무 제품에 오염이 묻었을 때는, 천에 상한 우유를 부어 닦으면 됩니다.

2 나무 패널에 군데군데 묻은 오염물이 보이죠?

3 한번 닦아볼게요.

4 짠~남김없이 깨끗해졌답니다.

타일 틈새 청소하기

■ 타일 틈새 곰팡이 제거하기

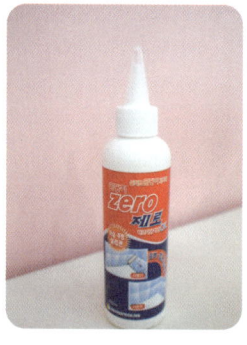

1 곰팡이 제거가 힘들게 느껴진다면 시중에 나와있는 곰팡이 제거겔을 사용하는 것도 좋습니다.

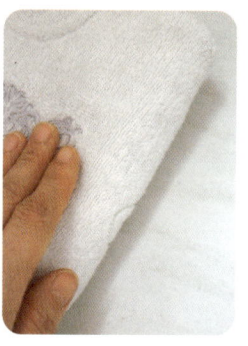

2 먼저 타일 틈새에 물기를 완전히 제거합니다.

3 겔을 적당히 뿌려줍니다. 겔이 마르는 시간이 필요하기 때문에 일상 생활을 하는 낮보다는 자기 전에 바르는 것이 좋습니다.

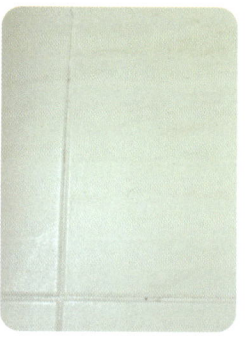

4 자고 일어나서 겔을 제거하고 나면 이렇게 깔끔하게 오염과 곰팡이가 없어진답니다.

■ 타일 틈새 보수하기

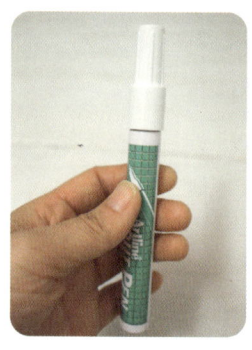

1 욕실 타일 틈새 곰팡이 제거에 곰팡이겔도 있지만 타일줄눈 보수제도 있습니다. 곰팡이를 제거한다는 개념보다는 수정액처럼 덧바른다고 보면 됩니다.

2 오랜 세월이 흘러서 잘 지워지지 않는 타일 틈새에 오염물들이 있습니다.

3 우선 물기가 없도록 잘 닦아주시고요.

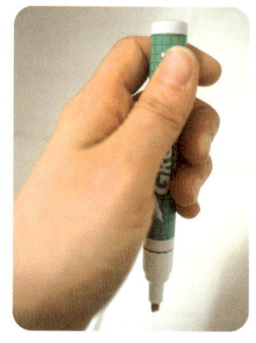

4 보수제를 위아래로 몇 번 흔들면 액이 나옵니다.

5 틈새에 매직펜을 사용하듯 두세 번 발라주기만 하면 끝입니다. 타일에 묻은 것은 화장지로 닦으면 됩니다.

6 간편한 줄눈 보수제로 마치 새 화장실이 된 것처럼 깔끔해졌습니다.

욕실의 골칫거리라면 실리콘이나 타일 틈새의 오염이라고 할 수 있는데요. 우선은 물 1ℓ에 표백제 2~3스푼을 타서 헌 칫솔로 닦으세요. 그래도 안 되면, 잠자리에 들기 전에 휴지를 대고 락스가 들어 있는 스프레이를 뿌려주세요. 바닥 타일 틈에도 마찬가지로 작업해주세요. 다음 날 일어나서 휴지를 떼어보면, 몰라보게 깨끗해진 것을 확인할 수 있습니다.

배수구 청소하기

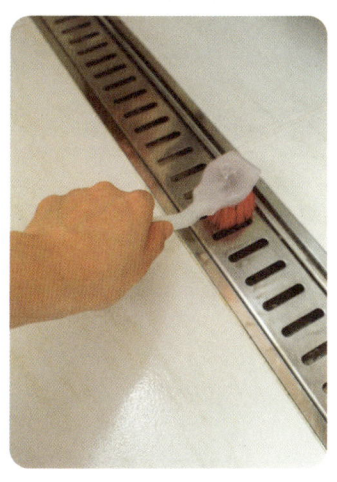

1 바닥 배수구에 베이킹소다를 솔솔 뿌린 후 뚜껑부터 브러시로 닦으세요.

2 뚜껑을 들어낸 후 안쪽도 말끔히 닦습니다.

거름망의 머리카락과 오염 물질은 너무 지저분해서 처리하기가 어려운데요. 일회용 장갑을 낀 후 오염물을 모으고 장갑을 뒤집어서 오염물을 버리면, 더러운 오염물을 손에 묻히지 않고 깔끔하게 버릴 수 있습니다.

3 거름망을 들어냅니다.

4 거름망이 있던 곳의 홈 쪽도 잊지 말고 청소해 주세요.

5 손길이 잘 닿지 않는 안 쪽도 깨끗이 닦으세요.

6 거름망의 오염물과 찌꺼기가 온갖 세균과 악취의 근원입니다.

7 베이킹소다를 묻힌 칫솔로 거름망의 바깥쪽, 안쪽, 홈 부분 등을 신경 써서 닦아주세요.

8 자~ 청소를 하고 난 후 거름망의 모습입니다. 마치 새 옷을 갈아입은 것처럼 말끔한 모습에 기분이 좋아지네요.

9 욕조의 물이 내려가는 배수구입니다.

10 베이킹소다를 묻힌 브러시로 뚜껑과 안쪽, 홈까지 깔끔하게 청소해주세요.

11 다 끝나고 나면 뜨거운 물을 흘려보내 소독해주세요.

12 식초를 흘려보내면, 악취를 예방할 수 있습니다.

집 안 하루살이 퇴치법

01 욕조 배수구를 통해 날벌레나 작은 하루살이들이 들어오는 경우가 많은데 저는 마트에서 파는 방충망 리필로 막아둡니다.

02 방충망 뒤는 리필에 같이 들어있는 강력 양면테이프를 붙여 고정시키면 됩니다. 붙일 때는 물기를 완전히 제거한 후 힘을 주어 단단히 붙이는 것이 좋아요. 아무래도, 물이 계속 흘러 내려가는 곳이라 접착력이 약해질 수 있으니까요. 이렇게 하면 날벌레가 들어오는 횟수가 적어집니다.

욕실 바구니 청소하기

1 목욕용품을 물빠짐 바구니에 담아 사용합니다.

2 바구니나 목욕용품 역시 정기적으로 청소해줘야 합니다.

3 의외로 목욕용품 바닥도 물때로 더럽습니다.

4 바구니도 닦아주세요.

5 물건들이 깔끔해지면 기분도 상쾌해집니다.

6 목욕용품과 바구니도 마치 샤워를 끝낸 듯한 모습입니다.

욕실화 세척하기

1 욕실화도 한 번씩 목욕을 시켜주세요.

2 보통 욕실화는 미끄럼 방지를 위해 바닥이 올록볼록 하게 생긴 경우가 많아 물때를 제거하기가 난감합니다.

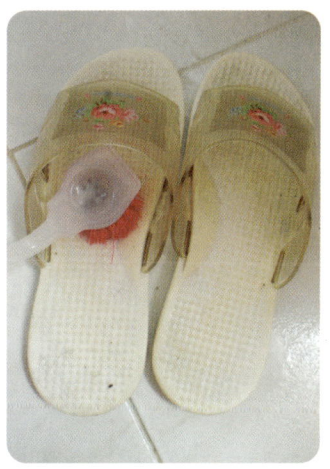

3 욕실화 발 닿는 쪽은, 베이킹소다를 솔솔 뿌린 후 브러시로 닦아주세요.

4 바닥은 식초를 스프레이에 담아 분사한 후 칫솔로 닦아주세요.

5 깨끗이 닦은 욕실화는 세워서 물기를 제거한 후, 햇볕에 보송보송하게 소독시켜 주세요.

욕실화 물때 제거에는 식초가 좋습니다.
만약, 베이킹소다나 식초로 제거되지 않는다면, 대야에 욕실화가 잠길 정도로만 락스를 붓고 2~3시간 동안 두었다가 꺼내서 닦아보세요. 하지만 락스는 되도록 안 쓰는 것이 좋습니다.

1 이제 욕실의 작은 용품들과 배수구 청소가 끝났으니 마무리를 해야겠지요? 베이킹소다를 욕조와 세면대, 그리고 욕실 바닥에 솔솔 골고루 뿌리세요.

2 고무장갑을 끼고 그 위에 극세사 장갑을 낀 후, 구석구석 닦아주면 됩니다.

3 손에 끼는 극세사 장갑을 사용하면 청소하기가 편합니다. 만약 극세사 장갑이 없다면, 거친 수세미대신, 부드러운 스펀지를 사용하는 게 좋습니다.

4 베이킹소다로 청소가 끝났다면, 샤워기로 싸악~ 정리해주세요. 욕조, 세면대, 바닥까지 깨끗이 깨끗이.

5 청소를 끝낸 욕실 바닥은 물기로 흥건한데, 그럴 땐 유리 닦이의 스퀴즈 부분으로 밀어내면, 물기 제거가 쉽습니다.

6 유리 닦이가 없다면 사진에 보이는 휴대용 스퀴즈나, 그것도 없다면 쓰레받기의 스퀴즈 부분도 무방합니다.

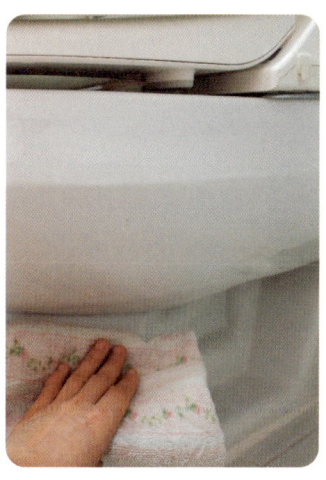

7 이제 마른걸레로 욕실 전체를 골고루 닦아줍니다.

8 벽면 타일뿐만 아니라, 세면대 아랫부분도 잊지 말고 닦으세요.

9 변기 아랫부분도 한 번씩 닦아주세요.

휴지를 걸 때 휴지의 손닿는 부분을 안쪽으로 가게 걸어 놓는 경우가 있는데요 이렇게 하면 휴지 잡기도 불편하고, 타일에 물기가 남아 있으면 젖을 수 있습니다.

10 스퀴즈로 물기를 제거했지만, 바닥을 마른걸레로 한 번 더 닦아주면 좋습니다.

11 휴지는 손으로 잡는 부분이 밖으로 나오게 걸어주세요. 이렇게 삼각형으로 접어주면 호텔 화장실에 온 것 같은 느낌을 받을 수 있습니다.

 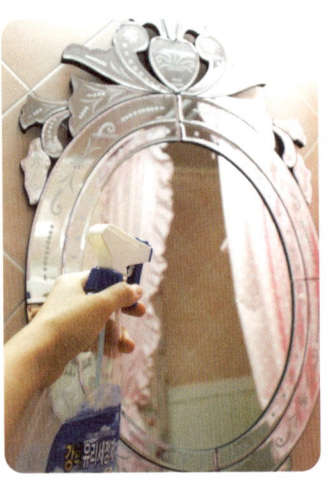 

12 욕실에 수건이 반듯하게 걸려진 것만으로 훨씬 정돈된 느낌을 줄 수 있습니다.

13 거울은 유리 세정제를 뿌린 후, 신문지로 닦으면 됩니다.

14 욕실의 악취를 없애기 위해선 향기 나는 방향제보다는 냄새를 없애는 탈취제를 뿌리는 것이 더 효과적입니다.

15 샤워커튼의 비눗기를 샤워기로 쓸어내리고 마른걸레로 닦아주면 오래도록 써도 곰팡이가 생기지 않아요. 욕실 청소가 끝나면 환기시켜 주세요.

06

뒤처리도 깔끔하게, 베란다 대청소

계절이 바뀔 때마다 청소를 해야 하겠다고 마음먹는 공간이 바로 베란다입니다. 베란다는 바람이 들고 나는 곳이라 다른 공간보다 먼지도 많아 청결에 신경 써야 할 곳입니다. 베란다 청소의 동선은 **방충망 청소 → 바깥 선반 닦기 → 유리창 닦기 → 문틀 청소 → 바닥 청소** 순서로 하면 됩니다.

1 흡입력이 강해지도록 방충망 뒤쪽에 신문을 접착테이프로 붙인 후, 앞쪽에서 청소기 브러시로 살짝 먼지를 빨아들입니다.

2 바깥 선반의 먼지를 걸레로 제거해준 후 아래쪽 장식 홈부분도 깨끗이 청소해주세요.

3 유리세정제를 뿌린 후 신문지로 유리창을 닦습니다. 신문지의 알콜 성분이 유리창을 깨끗이 해줍니다.

방충망 청소를 할 때, 비오는 날 호스로 물을 뿌리는 방법도 있지만 아래층 분들에게 양해를 미리 구하는 것이 좋습니다. 방충망이 떼어지는 곳이라면 수세미에 세제를 풀어서 조심스레 닦으셔도 좋습니다.

문틀 청소하기

1 문틀에는 홈이 많아서 먼지 제거가 힘든데 그럴 때는 미니 브러시를 이용하세요.

2 아니면 청소기의 가는 브러시 노즐로 먼지를 흡입하셔도 되고요.

3 젖은 걸레를 나무젓가락으로 홈 부분에 넣어, 먼지를 제거하는 방법도 있습니다.

4 빨아 쓰는 키친타월, 물티슈, 아니면 신문지를 물에 적신 후, 사각으로 각지게 접어서 홈의 남은 먼지를 깨끗하게 마무리해줍니다.

5 남은 먼지가 확인되시죠? 사각으로 접은 나머지 깨끗한 부분을 돌려가며 알뜰하게 남은 먼지를 제거해주세요.

6 먼지 하나 없는 문틀을 보니, 마음까지 상쾌해집니다.

7 문의 옆 홈 부분은 젖은 걸레로 닦은 후 마른걸레로 마무리하거나 신문지, 빨아 쓰는 키친타월을 이용해 청소해주세요.

8 바닥만큼은 아니지만, 옆부분에 먼지가 제법 있습니다.

9 모서리 부분에는 먼지가 모여 있어서 잘 없어지지 않을 거예요. 그럴 땐 면봉을 이용해서 마무리해주세요.

11 햇살 받은 문틀에 먼지 하나 보이지 않습니다. 깔끔해졌지요?

10 더 작은 틈에 끼인 먼지는 이쑤시개를 이용하면 완벽하게 제거됩니다.

바닥 청소하기

1 마지막으로 바닥을 청소해줍니다. 사진으로 보기에는 깨끗해 보이지만, 먼지나 머리카락들이 많이 있습니다.

2 우선 베이킹소다를 골고루 뿌려주세요.

3 물에 적신 스펀지나 수세미를 이용해서 닦아주세요. 저는 청소하기 좀 더 편하게 물빠짐이 있는 수세미를 이용합니다.

4 먼지와 머리카락들이 묻어 나오는 게 보이죠?

5 만약 타일 틈새에 묵은 먼지가 있다면, 칫솔로 닦아주세요.

베란다 바닥 청소를 할 때 세제를 쓰면 거품이 많이 나므로 거품이 거의 나지 않는 베이킹소다가 좋습니다. 아파트라면, 특히나 아래층의 배수관으로 거품이 흘러 내려갈 수도 있으니 조심해야 합니다.

6 그리고 배수구의 머리카락을 헌 칫솔로 제거해주세요.

7 배구수 뚜껑을 열어 안쪽 오염물도 제거해주세요.

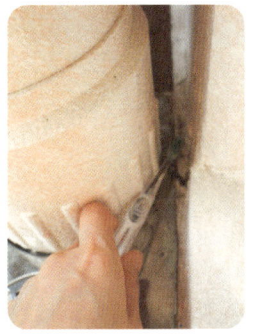

8 손길이 잘 가지 않는 배구수 뒤쪽의 먼지와 머리카락도 제거해주세요.

9 호스로 배수구 쪽을 향해 수압을 강하게 해서 물청소를 해주세요.

10 그리고 스퀴즈로 남은 물기를 제거합니다.

11 마지막으로 마른 걸레로 깨끗하게 닦아주세요. 베란다의 제일 위쪽에서부터, 뒷걸음치며 닦으면 2차 오염 없이 깨끗하게 마무리됩니다.

12 턱이나 홈 같은 곳의 먼지도 잊지 말고 닦아주세요.

13 청소가 끝나고 손으로 바닥을 쓸어내려도 될 만큼, 깨끗해진 베란다를 확인할 수 있습니다.

14 마지막으로 슬리퍼 바닥을 깨끗이 닦은 다음, 맑은 햇살에 뽀송뽀송 말려주세요. 청소용 슬리퍼는 앞트임이 없는, 막힌 슬리퍼가 발에 물기가 묻지 않아서 좋아요.

유리창 청소하기

1 신문지를 구겨서 유리창을 닦을 때도 있지만 넓은 면적을 청소할 때는 스퀴즈가 더 편리하답니다. 우선, 유리용 세정제를 뿌려줍니다.

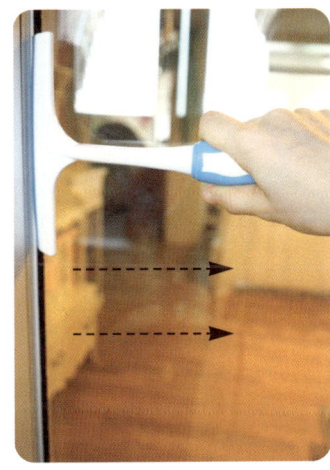

2 그리고 차례로 왼쪽에서 오른쪽으로 닦습니다. 차례차례 아래칸으로 내려오면서 닦으면 됩니다. 오른쪽 끝까지는 닦지 말고, 10cm 정도는 남겨두고 닦습니다.

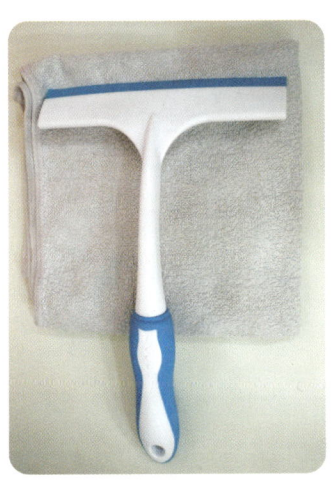

3 중간중간 스퀴즈에 묻은 오염물을 마른걸레에 닦는 것, 잊지 마세요.

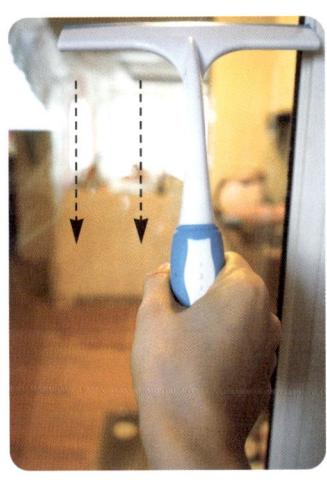

4 마지막으로 10cm 남겨둔 오른쪽 끝, 이에서 아래쪽으로 쭉 훑어내리면 됩니다.

07

입구를 환하게,
신발장 & 현관 대청소

신발장을 열 때, 퀴퀴한 냄새나 습기가 훅~ 나오는 것만큼 얼굴 찌푸려지는 일이 있을까요? 그런 일이 없게 하기 위해선 주기적으로 신발장을 환기시켜주고, 습기나 땀에 젖은 신발을 그대로 넣어두는 일은 절대 하면 안됩니다. 일주일에 한 번 정도 외출할 때 신발장 문을 열어두고 나갔다가, 집에 돌아오면 문을 닫는 습관을 들이면 쾌적한 신발장을 유지할 수 있습니다.

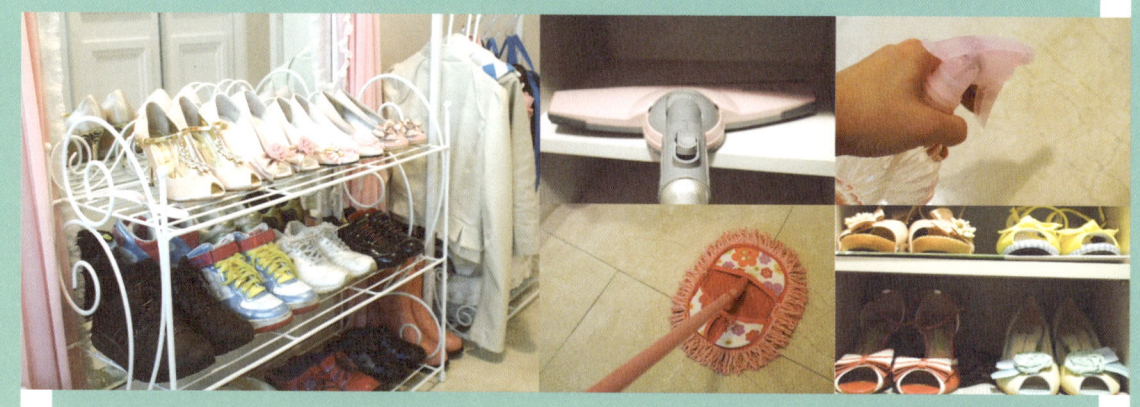

■ 신발장 청소하기

1 신발장 청소를 하기 위
해서는 우선 문을 열어
환기를 시켜주세요. 그리고
신발을 꺼냅니다.

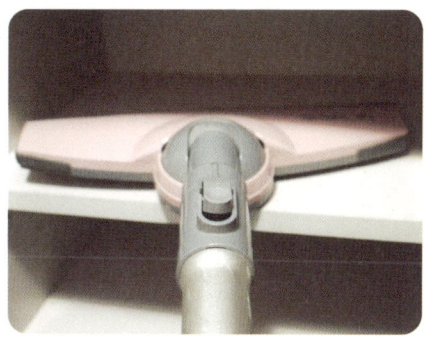

2 청소기로 대충 먼지를 제거해주세요.

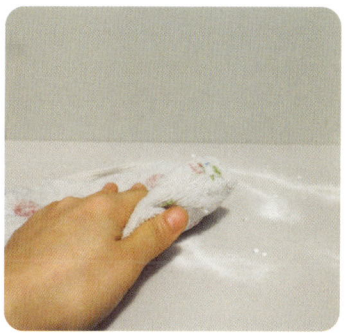

3 베이킹소다를 솔솔 뿌린 후, 젖은
걸레로 닦아주세요.

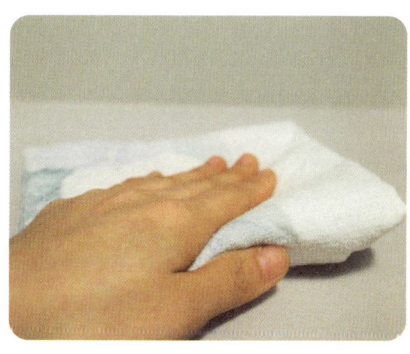

4 마른 걸레로
마무리 해주
면 됩니다.

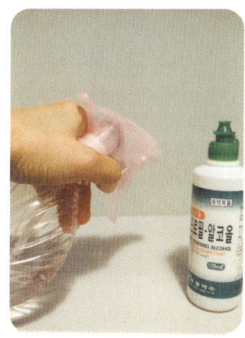

5 제균을 위해 소
독용 알코올을
분무기에 넣고 스프
레이해주면, 더욱 완
벽해집니다.

1 환기까지 끝난 신발장에 습기 제거를 위해 신문지를 깔아주세요.

2 너무 꽉 채우지 말고 간격을 적당히 두고 신발을 보관하세요.

3 습기는 아래부터 차오르기 때문에, 습기제거제는 맨 아래쪽에 두는 것이 좋습니다.

4 신발 냄새 제거를 위해 숯이나 신발장 전용 방향제를 사용하기도 하지만, 비누를 가제에 싸서 같이 보관하면 은은한 향기가 퍼져 기분 좋게 해줍니다.

신발 제대로 보관하자

01 신발을 보관할 때는 계절이 바뀔 때마다 제철 신발은 손닿기 가장 쉬운 곳에 두어 꺼내기 편하게 하세요.

02 신발장 안을 청소한 후 바로 신발을 넣지 말고, 신발을 한번 드라이어로 건조시켜주는 것이 좋습니다. 덜 건조된 신발에서 곰팡이가 번

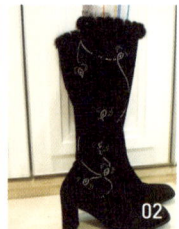

식하기 딱 좋거든요. 특히 장마철이나 비오고 난 후의 신발은 반드시 흙이나 오염물을 털고 드라이어로 건조시켜 보관하는 것 잊지 마세요. 너무 가까이에서 강풍으로 바람을 쐬면 열 때문에 가죽이 변형될 수 있으니 조심하시고요.

03 부츠나 신발 안에 신문지를 넣어두면, 신발 변형도 막을 수 있고 습기와 냄새 제거에도 좋습니다. 사진에서 보이는 부츠도 98년도에 구입하여 겨울에 매번 즐겨 신는데도, 아직 새것처럼 상태가 좋아요. 어떻게 손질, 보관하느냐에 따라 수명이 달라집니다.

1 빗자루로 쓸면 신발 바닥의 흙과 먼지가 날리기 때문에 우선 분무기에 물을 담아 바닥에 뿌려주세요.

2 그런 다음 베이킹소다를 뿌려준 후,

3 밀대걸레로 쓱쓱싹싹 닦아주면 됩니다.

4 현관 바닥 타일 틈을 보면 홈이 있어 흙과 먼지가 많이 끼어 있습니다.

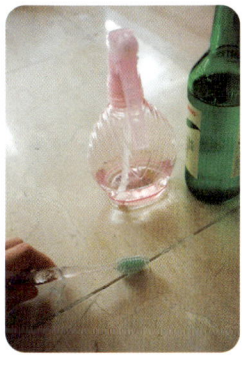

5 베이킹소다로는 오염 제거가 잘 안 되니 소주를 분무기에 담아 헌 칫솔로 닦아주세요.

6 짠~ 말끔하게 하얘졌죠? 소주는 휘발성이 있어 냄새도 금방 날아가므로 걱정하지 않아도 됩니다.

7 모든 청소가 끝나고 마른걸레로 구석구석 마무리해주면, 항상 기분 좋은 현관과 신발장이 여러분을 맞이해줄 거예요.

매번 신발장을 이렇게 청소하라고 하면 아마 엄두도 못 내겠지요? 평소에는 신발장 환기와, 바닥의 먼지 제거 정도만 해주시고요. 대청소 할 때 한 번씩 이 순서와 방법으로 하면 된답니다.

청소Plus

1. 각 청소용품의 장·단점

청소용품	장점	단점
물걸레질	• 가장 확실한 먼지 제거와 청소 효과가 있다. • 구석구석까지 청소할 수 있다.	• 무릎이 아프고, 시간이 많이 걸린다. • 걸레를 삶고 소독해야 하는 번거로움이 있다.
대걸레 청소	• 무릎이나 허리가 아픈 게 덜하고 빠른 시간 내에 청소할 수 있다. • 걸레를 삶거나 소독하지 않아도 된다.	• 극세사 걸레에 자주 물을 뿌려주어야 하는 번거로움이 있다. • 팔에 힘이 많이 들어간다.
로봇청소기	• 컨디션이 좋지 않거나 많이 바쁠 때, 버튼 하나만 누르면 청소가 되므로 간편하다.	• 구석구석 미세한 곳까지 청소하지 못하고, 자주 청소기 자체를 청소해주어야 한다. • 배터리나 부품들이 소모성이라 나중에 별도의 비용이 든다.

청소 방법마다 각각의 장점과 단점이 있습니다.
자신의 라이프스타일에 맞추어, 평소에는 청소기나 로봇청소기로 먼지를 제거해주고 2~3일에 한 번 정도는 밀대 청소, 일주일에 한두 번 정도는 물걸레질을 하는 식으로 융통성 있게 청소해주면 힘도 덜 들고 깨끗한 실내 환경을 유지할 수 있습니다.

2. 걸레 깨끗이 삶기

01 걸레는 반드시 삶아서 소독해야 하는데, 우선 애벌 빨래해서 대충 빤 후 세탁 세제와 함께 냄비에 넣으세요. 물은 끓어 넘치지 않도록 냄비의 2/3 정도만 넣으면 됩니다. 냄비에 넣을 때는 걸레를 길게 접어 또아리를 틀 듯해서, 가운데는 비어 있도록 바깥쪽으로 빙 둘러서 넣어주세요.

02 소금이나 베이킹소다 한 스푼을 넣어주면, 오염이 훨씬 많이 제거됩니다.

03 뚜껑은 반드시 닫고 삶아야 하는데, 열고 삶으면 산화되어 누렇게 변색될 수 있습니다. 끓으면 가끔 집게로 뒤적여주세요. 물이 끓으면 중·약불로 낮추어 넘치는 것을 방지해주세요. 다른 행주나 속옷, 수건 삶을 때도 참고하세요.

08

언제나 산뜻하게,
생활 가전 대청소

생활 가전은 말 그대로 우리 생활에 이제 떼려야 뗄 수 없는 관계가 되었습니다. 매일 사용하는 물건이니 만큼 한 번 오염되면 우리의 건강을 심하게 위협할 수 있습니다. 역시 주기적으로 대청소를 해주면 언제나 산뜻한 기분으로 사용할 수 있습니다.

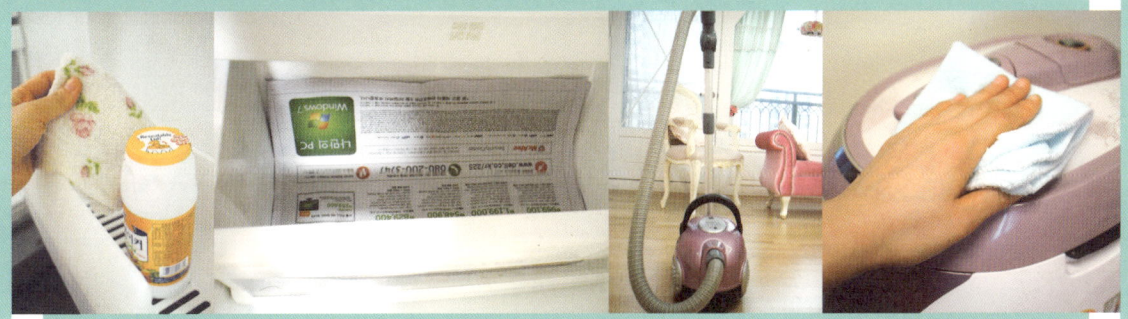

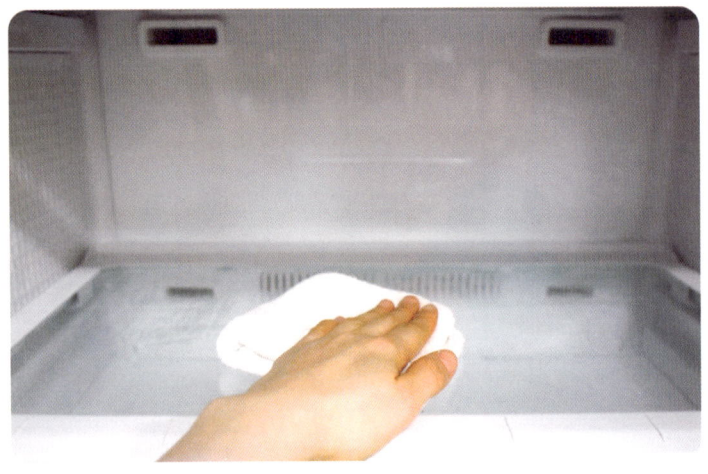

1 주방 세제를 묻힌 젖은 행주로 내부를 깨끗이 닦은 다음, 마른걸레로 마무리합니다.

2 세제 찌꺼기가 남아 있지 않도록 마지막에 마른행주에 에탄올을 묻혀 소독해줍니다.

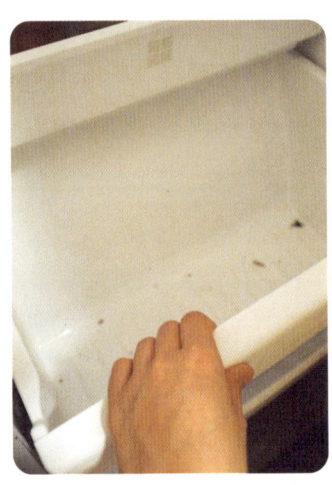

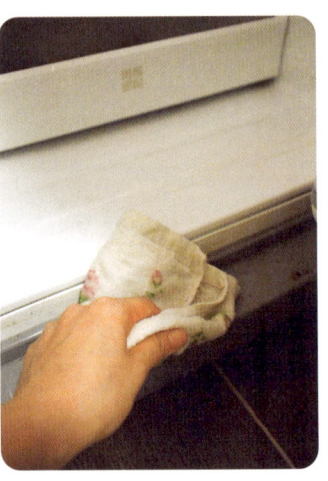

3 작은 틈새는 에탄올을 묻힌 면봉으로 닦아주세요.

4 선반이나 포켓은 따로 떼어 욕실에서 세제로 세척한 후, 마른걸레로 닦고 햇볕에 소독하는 것이 좋습니다. 큰 선반이나 채소 박스는 싱크대에서 청소하기엔 번거롭습니다.

5 냉장고 도어가 닿는 바닥도 의외로 오염이 많이 되므로 잊지 말고 닦아주세요.

6 도어포켓 역시 소다를 묻힌 행주로 닦아준 후 마른 행주로 마무리해줍니다.

7 냉장고 표면은 암모니아수를 희석한 물을 헝겊에 묻혀 닦으면 반짝반짝해집니다.

냉장고 냄새를 잡기 위해선 숯이나 뚜껑을 연 소주, 냄새 제거제들을 두면 좋아요. 그런 제품들은 아래쪽에 두어야 위로 올라가는 나쁜 기운들을 흡수할 수 있으니 참고하세요.

8 청소 후 채소칸에 신문을 깔아두면 나중에 청소하기도 편하고 습기도 제거되어 좋아요.

세탁기 청소하기

헹굼물에 식초를 넣거나, 섬유유연제를 사용하는 데도 옷에서 냄새가 날 수 있는데요. 여러 가지 원인 중 세탁기의 오염 때문일 수도 있습니다. 세탁기도 새제품을 사용하더라도 정기적으로 청소를 안하면 세탁조의 오염으로 인해 오히려 세탁이 아니라 세균을 옷에 묻히는 경우가 발생할 수 있습니다. 그래서 세탁기 관리도 중요합니다.

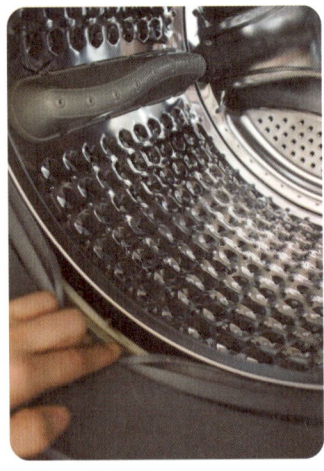

1 세탁기를 어느 정도 사용하다가, 세탁기의 고무패킹 있는 홈부분을 잘 들여다보세요.

2 홈부분 있는 곳에 나무젓가락을 이용하여 천으로 닦아볼까요?

3 옷의 보풀찌꺼기와 물때가 끼여 있는 것을 발견할 수 있습니다.

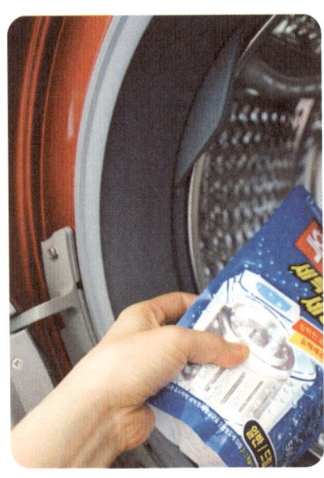

4 정기적으로 세탁조세정살균제를 사용하여 세탁조를 청소해주세요. 세제투입구가 아닌 세탁조 내에 넣어야 하거나, 일반용과 드럼세탁기용이 따로 있기도 하므로 반드시 '주의사항'을 잘 읽어보고 사용하세요.

5 요즘은 '통세척건조' 기능이 따로 나와 있는 세탁기도 많으니 정기적으로 세탁기 내의 기능 사용을 권합니다. 하지만, 이런 여러 가지 방법으로도 개운치 않다 싶으면 세탁조청소 전문업체의 서비스를 받는 것도 하나의 방법이 될 수 있습니다.

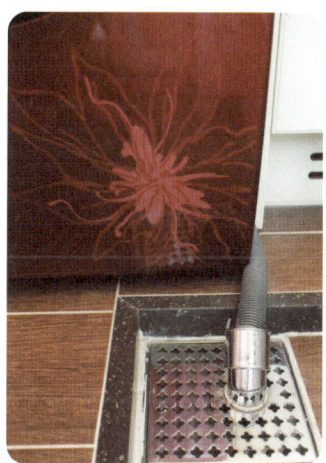

6 그리고 자칫 지나치기 쉬운 것 중의 하나가 세탁기 배수구 청소인데요. 배수구관리가 잘 안되면 오염된 물이 역류하거나 냄새가 배일 수가 있답니다.

7 브러쉬나 칫솔을 이용해서 세제를 뿌린 후 청소해주세요.

8 망에 끼인 머리카락이나 오염물도 깨끗이 제거해주시구요.

9 청소가 끝나고 나면 식초나 뜨거운 물을 부어 살균해줍니다.

10 말끔해진 망과 배수구가 훨씬 세탁에 개운함을 더해줄 것입니다.

밥솥 청소하기

1 매일 가족들의 밥을 책임지는 밥솥, 중요한 만큼 청소와 관리도 중요합니다.

2 제일 먼저 밥솥을 물에 불립니다. 물에 불려지는 시간 동안 다른 청소를 합니다.

3 압력추의 뚜껑을 엽니다.

4 증기가 잘 빠져나갈 수 있도록 전용핀을 사용해서 청소합니다.

5 반드시 밥솥 옆에 함께 보관해 두어야, 찾느라 고생하지 않는답니다.

6 면봉으로 압력추 부근을 깨끗이 청소합니다.

7 뚜껑 부분은 수세미로 세척해줍니다.

8 청소 후 깨끗해진 모습, 확인하실 수 있으시죠?

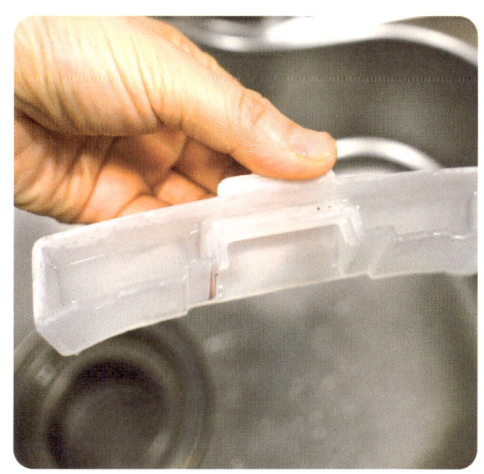

9 물받이 부분은 반드시 사용 후 바로 씻어주어야 합니다. 그렇지 않으면 밥에서 냄새가 날 수도 있습니다.

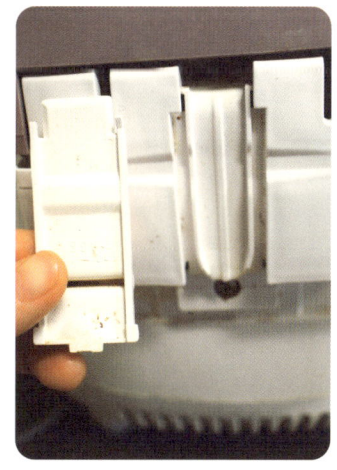

10 밥물이 흐르는 부분도 떼어서 청소하시고요.

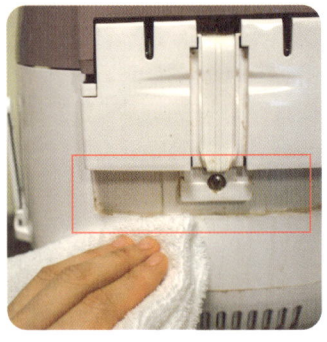

11 우선 따뜻하게 젖은 행주로 청소해준 후, 마른 행주로 마무리합니다.

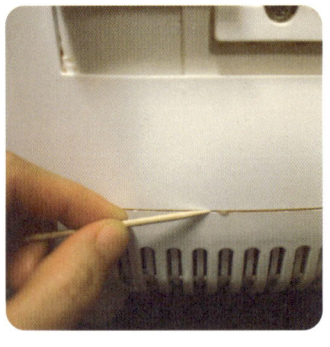

12 작은 홈에도 밥물이 끼어 있을 수 있으니 이쑤시개로 청소해주세요.

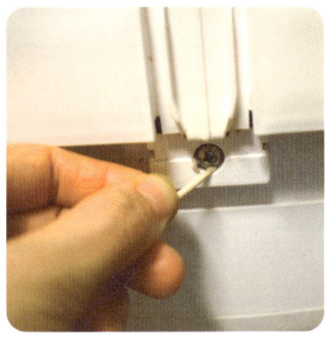

13 나사 부분의 홈도 마찬가지입니다.

14 구석구석 작은 공간은 면봉으로 청소해줍니다.

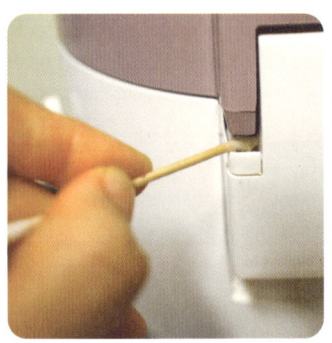

15 작은 부분도 놓치지 마세요.

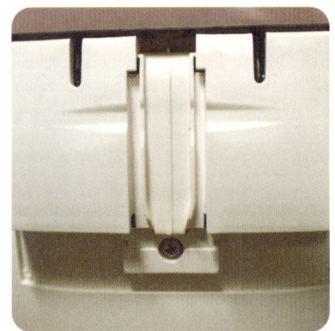

16 아주 깨끗해졌죠?

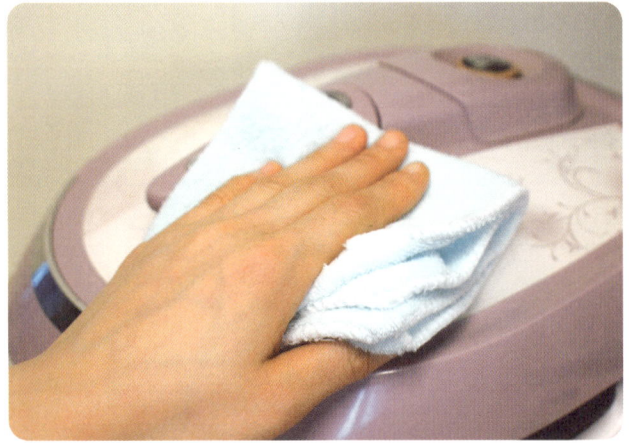

17 외관은 마찬가지로 젖은 행주로 닦아준 후, 마른행주로 마무리합니다.

18 안쪽 부분도 잘 닦아주시고요.

19 안쪽 부분도 이제 깨끗해졌습니다.

20 마지막으로 물에 불려진 밥솥과 커버를 주방세제와 수세미로 깨끗이 세척합니다.

21 밥솥과 분리형 커버, 밥물받이는 매일 깨끗이 청소해주시고 다른 부분은 가끔씩 정기적으로 청소하면 됩니다.

1 중요한 사실 중의 하나, 청소기도 청소해주어야 한다는 것입니다. 우선 외관은 젖은 행주로 1차로 닦고, 마른행주로 2차 마무리합니다.

2 그 다음 먼지통을 분리합니다.

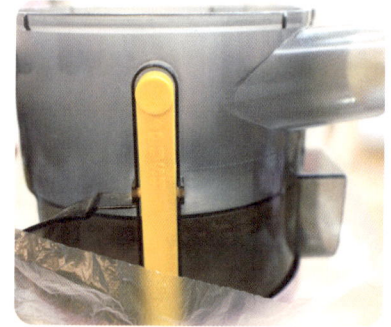

3 입구가 넓은 비닐봉지에 먼지를 담습니다.

4 입구가 좁은 비닐은 넣기가 힘드니 유의하세요.

5 바닥에 붙어 있는 먼지 찌꺼기는 물티슈로 제거합니다.

6 그런 다음 마찬가지로 마른행주로 마무리하는 것, 잊지 마세요.

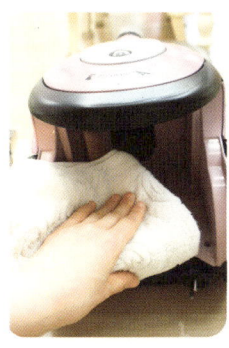

7 먼지통 안쪽도 잊지 말고 닦아주시고요.

8 가장 중요한 필터입니다.

9 커버에서 분리해내면 이렇게 필터가 나옵니다. 모든 가전제품에서 가장 중요한 것이 필터이기 때문에 특히나 관리를 철저하게 해주어야 합니다.

10 먼저, 흐르는 물에 먼지를 제거합니다.

11 그리고 구석구석, 빼놓지 말고 이쑤시개로 필터 틈 사이사이의 먼지를 깨끗하게 제거합니다.

12 물에 젖었기 때문에 필터를 바로 끼우면 안 되고 볕 좋은 베란다에 하루 정도 두어 바짝 건조시킨 후 다음 날 청소할 때 부착하면 됩니다.

13 관리와 청소만 잘하면, 10년이 지나더라도 새것 같은 청소기로 청소할 수 있으니 평소에 청소기도 청소해주세요.

1 여름이 되면 꼭 필요한 선풍기, 하지만 의외로 선풍기 청소하는 방법을 모르는 분이 많더라고요.

2 다른 가전 제품과 마찬가지로 외관을 1차 젖은 걸레, 2차 마른걸레로 닦아줍니다.

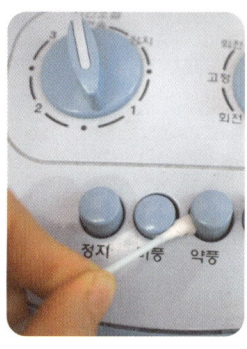

3 홈이 있는 곳은 면봉으로 청소해주시고요.

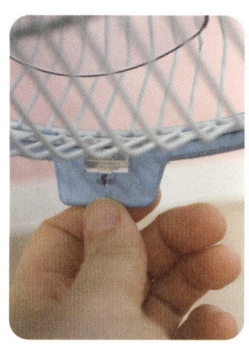

4 커버를 분리해줍니다.

5 요즘 선풍기는 분리가 쉽게 되도록 나와 있으니, 어렵지 않을 거예요.

6 중간 커버를 돌려서 벗겨냅니다.

7 날개 분리한 모습이에요.

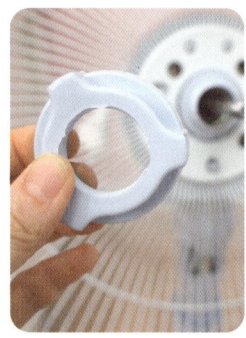

8 두 번째 링을 분리합니다.

9 뒤 판까지 분리한 모습이에요.

10 분리하는 것이 그다지 어렵지 않지만 여자들은 조립하는 것을 힘들어하기도 하니 남편의 도움을 받는 것도 좋아요.

11 분리된 뒤 판을 마찬가지로 잘 닦아줍니다.

12 선풍기 커버의 틈 사이는 세제와 칫솔을 이용해서 청소해줍니다.

13 마른행주로 잘 닦아주는 거, 잊지 않으셨죠?

14 날개 부분 역시, 1차 젖은 걸레, 2차 마른걸레로 청소해줍니다.

15 먼지 하나 없이 말끔하게 청소된 모습입니다.

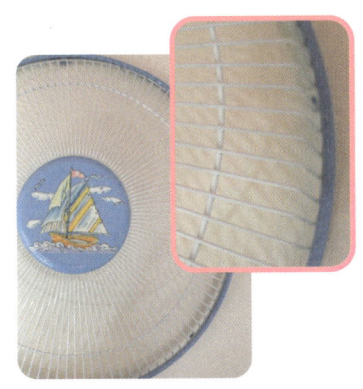

16 커버 역시 깨끗해졌습니다. 가까이서 클로즈업해봐도 먼지 하나 없습니다.

17 청소가 끝나면, 처음에 분리했을 때와는 역순으로 조립하면 됩니다.

18 여름이 끝나고 들여놓을 때는 반드시 선풍기 커버를 씌워서 보관하세요.

가습기 청소하기

1 가습기는 제대로 관리하지 않으면 오히려 세균을 퍼트리는 온상이 됩니다. 가습기의 외관을 1차 젖은 걸레, 2차 마른걸레로 닦아주시고요.

2 진동자가 있는 곳은 전용솔로 깨끗이 닦아주어야 합니다.

진동자를 청소할 때 주의해야 할 것은 절대로 세제를 사용하면 안되고 젖은 솔만 사용해야 한다는 것이에요. 진동자는 아주 민감해서 소량의 비누나 세제가 들어가도 작동하지 않을 수 있습니다.

가습기를 사용할 때에는 머리맡에 두면 안 되고, 의자 위에 가습기를 두어 위에서 아래로 수증기가 흐르도록 해야 합니다. 수증기가 가구 쪽으로 흐르게 두면, 가구에 습기가 차서 상할 수 있으니 주의하시기 바랍니다.

3 가습기에 넣을 물에 식초를 적당량 넣어주시면 좋습니다.

4 각 가습기마다 다르지만 필터의 수명이 정해져 있어 그 기간이 지나면 반드시 교체해주어야 합니다. 그렇지 않으면 필터의 기능이 저하되고 가습력이 떨어지게 됩니다.

5 가습기 통은 물로만 헹구고 뒤집어 바짝 건조시킨 후 사용하면 됩니다.

에어컨 청소하기

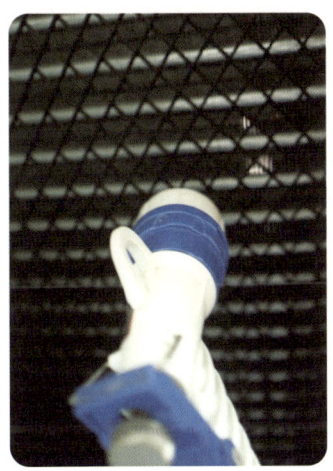

1 우선, 실외기는 먼지가 쌓이면 냉방 효과가 떨어지므로 주기적으로 청소해주어야 하는데, 물을 뿌려가며 먼지를 제거해주면 됩니다.

2 외관은 부드러운 헝겊을 미지근한 물에 적셔 꼭 짠 후 닦습니다. 2차로 마른걸레로 마무리해주는 것, 잊지 않으셨죠?

3 에어컨 청소 시에는 반드시 전원 플러그를 빼고 청소해야 합니다. 필터를 에어컨에서 빼냅니다.

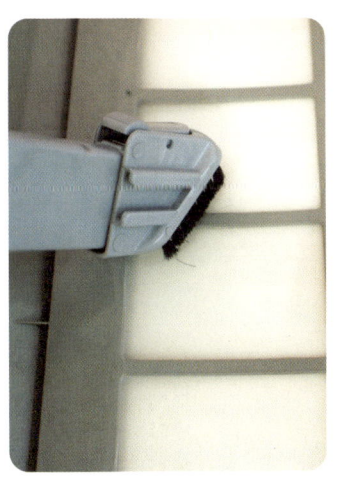

4 흐르는 물에 세척하거나 진공청소기로 먼지를 없애줍니다. 단, 브러시 같은 것으로 비벼 빨면 망가지니 주의하세요.

5 직사광선이 닿지 않도록 주의하면서 말립니다.

6 마지막으로 필터를 장착하면 됩니다. 2주에 한번씩 청소해주는 게 좋고, 먼지가 많은 환경에서는 더 자주 청소해주세요.

7 먼지거름필터를 빼냅니다.

8 커버를 열면 먼지거름필터가 나 옵니다.

9 마찬가지로 흐르는 물에 세척하 거나 진공청소기로 먼지를 제거 해주세요. 먼지가 심할 경우에는 중성 세제를 탄 미지근한 물로 살짝 씻으면 됩니다.

10 직사광선이 닿지 않는 곳에서 완전히 말려줍니다.

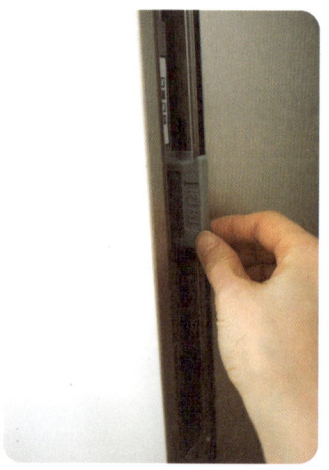

11 마지막으로 에어컨에 끼워줍니 다.

12 간단하게 에어컨 냉각팬에 붙 어 있는 먼지와 세균을 제거 해주는 에어컨 살균탈취제를 사용해 도 됩니다. 전원을 끈 상태에서 충분 히 흔든 후 5~10cm 거리를 두고 분 사합니다.

식기세척기 청소하기

1 세척기 바닥에 있는 필터는 세척 과정에서 나온 오물들이 모이는 곳이기 때문에 반드시 매회 사용 후 점검하고 청소해야 합니다.

2 먼저 소형필터를 분리해 오물을 제거합니다.

3 필터 손잡이를 반시계 방향으로 돌려 풀어서 꺼냅니다.

4 오염물과 찌꺼기가 많이 묻어 있습니다.

5 브러시나 칫솔을 사용하여 오염물을 제거하고 흐르는 물에 깨끗이 씻습니다.

6 깨끗하게 청소가 되었습니다.

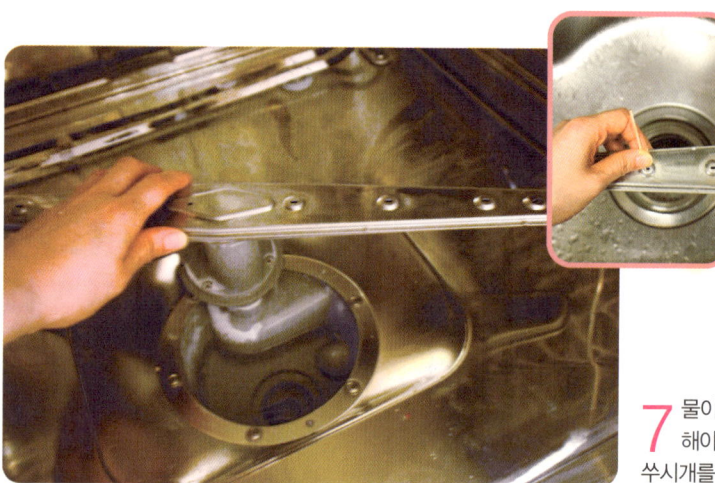

7 물이 분사되는 노즐도 가끔씩 분리해서 점검해야 합니다. 노즐이 막힌 곳은 긴 도구나 이쑤시개를 이용하여 뚫어주면 됩니다.

올바른 식기 세척기 사용법

01 식기를 넣을 때에는 일차로 음식물 찌꺼기를 가볍게 제거한 후 밥그릇, 국그릇, 컵, 냄비 등과 같이 오목한 식기류를 거꾸로 세워 넣습니다. 수저는 수저 전용칸에 손잡이 부분이 아래로 향하도록 넣고요. 바닥이 깊고 좁은 식기류는 경사지게 두어 물이 잘 닿을 수 있도록 놓으면 됩니다.

02 식기세척기는 하부에 상부보다 강한 물살이 분사되므로 오염도가 많은 식기를 하부에 배열하세요. 나무로 된 목기류나, 수공예품 식기, 크리스탈, 플라스틱, 은, 알루미늄, 금은 도금 식기류 등은 변색이나 파손될 수 있으니 주의하시기 바랍니다. 아무리 식기세척기라도, 음식물이 눌어붙은 프라이팬이나 불판, 립스틱 자국이 있는 그릇은 잘 닦이지 않으니 손 설거지를 해야 합니다.

03 세제는 반드시 식기세척기 전용 세제를 사용하여야 합니다. 일반 세제는 거품이 많아 고장의 원인이 됩니다. 그리고 세제를 넣기 전 세제투입구의 물기는 반드시 제거해주어야 합니다. 그렇지 않으면 세제가 눌어붙어서 잘 나오지 않습니다.

04 린스는 건조 효과를 높이고 식기의 광택을 내는 기능을 합니다. 마찬가지로 반드시 식기세척기 전용린스를 사용하여야 합니다.

로봇 청소기 청소하기

1 버튼 하나만 눌러주면 되기 때문에, 몸이 좋지 않거나 많이 바쁠 때 편합니다. 로봇청소기를 사용할 때는, 어느 정도 집안 살림을 정리해 바닥에 걸리는 것이 없도록 해야 하고, 청소기가 들어가지 않도록 화장실 문이나 베란다 문은 닫아주어야 합니다. 그리고 청소 시간이 1시간 이상 걸리기 때문에, 외출 시 작동시키면 시간이나 소음에 신경 쓰지 않아도 돼서 편합니다. 사람이 청소하는 것만큼 완벽하진 않지만 어느 정도의 먼지나 머리카락, 미세 먼지 제거에 탁월합니다. 로봇청소기는 청소가 끝나면 그때마다 청소기 자체를 청소해주어야 합니다.

2 마트에서 야채나 과일 담아온 비닐은 버리지 않고 꼼꼼히 수납해둔답니다. 그중에서 입구가 넓은 봉투를 사용해서 먼지가 날리지 않도록 로봇청소기의 먼지들을 넣어주세요.

3 미세먼지필터도 톡톡톡 두드려서 먼지가 날리지 않도록 비닐에 넣어주시고요.

4 하지만, 로봇청소기는 물로 씻을 수 없어 남아 있는 먼지들을 깨끗이 제거할 수 없어요.

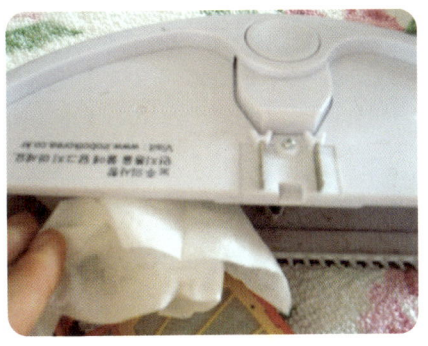

5 물을 묻힌 키친타월이나 물티슈로 되도록이면 물기가 남아 있지 않도록, 조심조심 빠르게 먼지를 제거하세요.

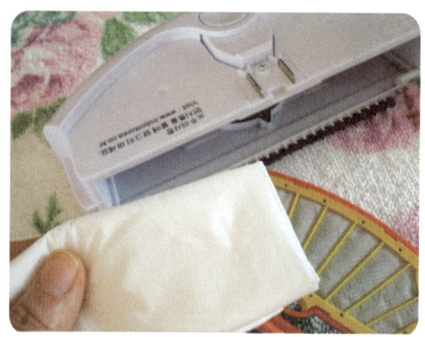

6 한 번 더 휴지로 물기를 깨끗이 제거해줍니다.

7 먼지통 말고 미세먼지통에는 진공흡입모터가 내장되어 있어, 물티슈 사용도 문제가 될 수 있으므로 일반 티슈로 살짝 닦아줍니다.

8 로봇청소기용 빗으로 브러쉬에 끼인 머리카락들을 제거해줍니다.

9 앞바퀴는 이쑤시개나 면봉을 이용하여 이물질을 제거해주고, 너무 많다면 나사를 분리하여 남아 있는 이물질을 제거해줍니다.

10 먼지인식센서도 면봉을 이용하여 닦아줍니다.

가전제품 매뉴얼 보관하기

저는 제 가전제품으로 청소 방법을 설명했지만 각 가정마다 가전제품이 다르니 각기 청소 방법도 다를 거예요. 그렇다면, 어떻게 해야 할까요? 방법은 가전제품들의 사용설명서를 잘 보관하고 읽어보는 것이랍니다. 대한민국 70%의 주부들이 사용설명서를 잘 읽지 않는다고 해요. 하지만 여러분들만이라도 꼭 사용설명서를 잘 보관하고 문제가 있을 때나 청소를 할 때 잘 활용하시기 바랍니다. 사용설명서도 그냥 주먹구구식으로 보관하지 마시고, 필요할 때 바로 찾아쓸 수 있도록 수납하시기 바랍니다.

01 우선 가전제품, IT제품, AV제품 등 세 가지 정도로 분류하세요. 그 다음, 3~4가지 정도 비슷한 것끼리 지퍼백에 넣습니다. 지퍼백 앞에는 어떤 설명서들이 들어 있는지 라벨링하시고요.

02 마지막으로 가전제품들만 분류한 지퍼백들을 지퍼 파일에 한꺼번에 넣습니다.

03 지퍼 파일 맨 앞에는 어떤 설명서가 들어 있는지 순서대로 라벨링합니다.

04 가전제품 사용설명서의 분류가 완성된 지퍼 파일입니다.

05 위의 과정들을 거친 AV제품 설명서입니다.

06 지퍼 파일 앞에 라벨링한 모습.

07 전면에도 라벨링해주고 언제든 필요할 때 찾기 쉽도록 책꽂이에 꽂아두면 됩니다.

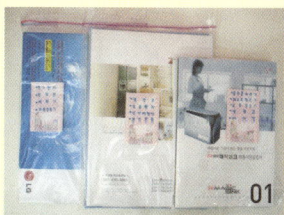
01

02

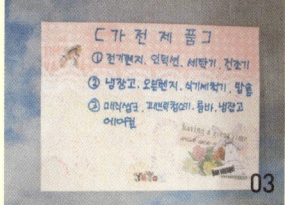
03

04

05

06

07

09

우리 가족의 안전,
자동차 청소

자동차도 청소를 정기적으로 해주는게 우리 가족의 안전과 위생을 위해서 좋겠지요? 자동
차도 집안 대청소와 마찬가지로 천장부터 청소해주시는게 좋습니다. 차 실내의 천장부터
차근차근 아래쪽으로 청소해준 다음 차 외부의 표면이나 유리창을 닦아주면 됩니다.

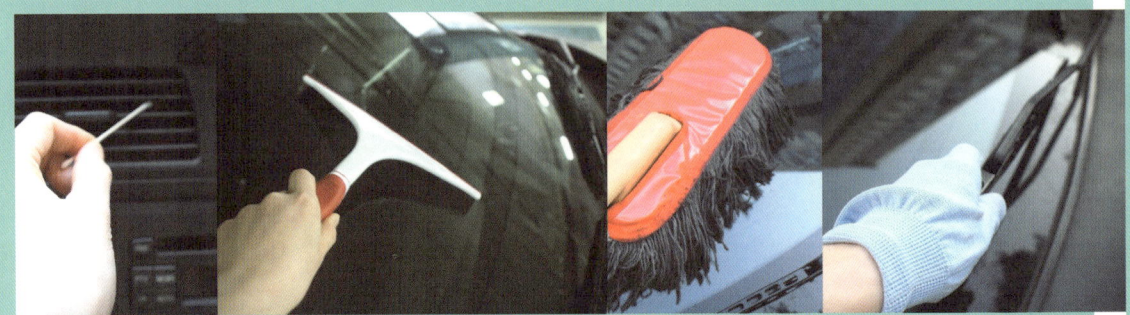

자동차 청소하기

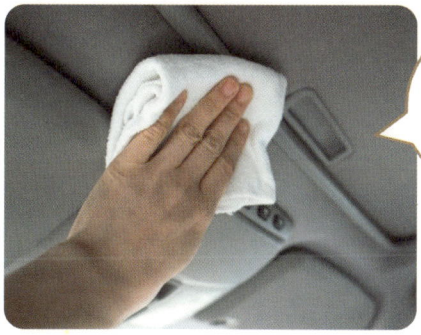

브러쉬나 진공 청소기는 더 지저분하게 만들 수 있습니다.

1 천장은 세척제를 묻힌 극세사헝겊으로 닦아주시는게 좋아요.

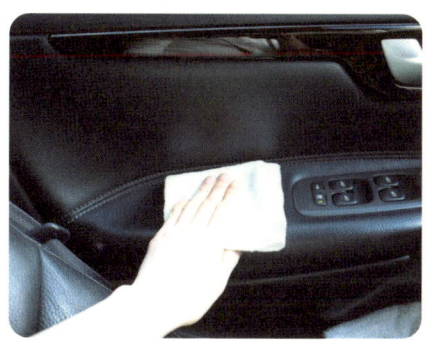

2 문틀 부분~

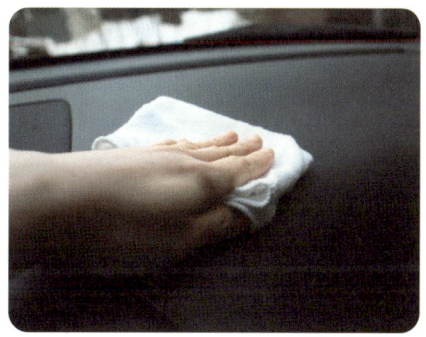

3 선반 부분도 깨끗이 닦아주시구요.

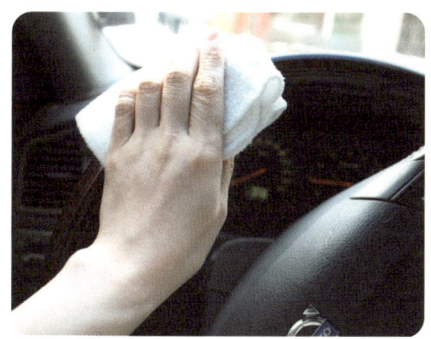

4 핸들 부분은 가장 운전자의 손이 많이 가는 곳이라 찌든때나 먼지가 많이 있기 마련이라 자주자주 물걸레나 물티슈로 닦아주는게 좋습니다. 꼭 마른걸레로 마무리해 주어야만, 2차오염이 생기지 않으니 주의하세요.

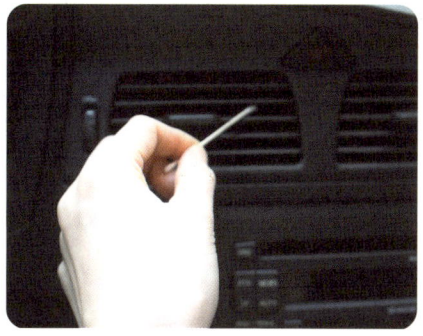

5 송풍구나 에어컨 홈 부분도 먼지가 많이 묻어나오는 부분이라 틈새를 헝겊으로 닦은 후에는 면봉으로 깔끔하게 작은 먼지까지 제거해 주는게 좋아요.

6 손이 가기 어렵고, 틈 사이에 먼지가 끼기 쉬운 부분도 면봉을 사용해서 청소해주세요.

7 와이퍼는 극세사장갑으로 조심스레 닦아주면 천이나 헝겊보다 훨씬 청소하기가 편하구요.

8 유리창과 차 표면은 자동차용 브러쉬로 깨끗이 닦아준 다음,

9 스퀴즈로 물기를 깨끗이 제거해주면 뽀드득 해진답니다. 스퀴즈의 앞부분이 말랑말랑한 고무 부분으로 되어 있는 것이 물기제거가 훨씬 잘되니 참고하세요.

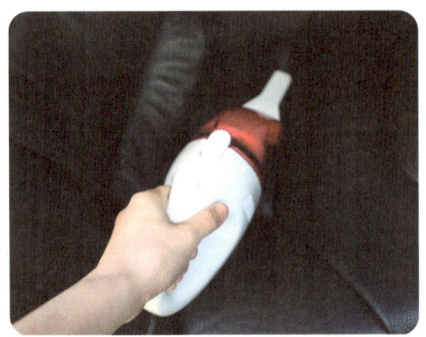

10 가죽시트 역시 가장 오염과 먼지가 많이 있는 부분인데요. 자동차용 핸디청소기로 작은 먼지까지 없애주는게 좋습니다. 천시트일 경우에는 셀프주차장에서 에어건으로 흡입해주면 좋구요 아니면, 아예 방석을 두어 방석커버를 주기적으로 세탁해주는 것도 한 방법입니다.

11 매트 부분 역시, 탁탁 털어서 1차적으로 먼지를 제거한 다음 자동차용 청소기로 먼지를 완전히 흡입시켜주면 됩니다. 그리고 햇볕에 건조시켜주면 끝. 마지막으로 집안 대청소처럼 자동차문을 활짝 열어두어 환기를 시켜주면 마무리입니다. 그리고 엔진오일이나 부동액, 와이퍼와 타이어 등도 한번씩 점검해주시는거 잊지 말아야겠죠?

청소Plus

꼭 기억해야 할 청소 팁

살림은 마음먹고 잘하려고 하면 정말 한도 끝도 없습니다. 청소는 특히나 더 그렇지요. 모든 일이 그렇듯, 한꺼번에 다 벌이려고 하면 일을 하기도 전에 지치기 마련입니다.

평소에 꼭 청소해야 할 것은 자주 하고, 한 달에 한 번 대청소 할 때 마음먹고 묵은 먼지나 세세한 부분 청소를 하면 청소에 대한 부담감이 덜해질 겁니다.

	자주 할 일	대청소 할 때 할 일
거실	• 청소기, 걸레질	• 소파 청소 • 소품 묵은 먼지 제거
침실	• 청소기, 걸레질	• 소품 닦기, 이물 빨래, 매트 위치 교환 • 가구 위, 몰딩, 침대 밑 등 묵은 먼지 제거
주방	• 싱크대, 개수대 청소, 음식물 처리, 행주, 도마 등 주방용품 소독 • 전자레인지, 밥솥 등 소가전 닦기 • 설거지 후 물기 없이 상판 닦기 • 바닥의 물기 제거	• 후드, 가스레인지, 냉장고 청소 등 대가전 닦기 • 배수구, 벽면 타일, 싱크대 상판 구석구석 닦기 • 주방용품 수납과 청소 정리 • 바닥의 기름때와 묵은 오염 제거
욕실	• 머리카락 제거 • 욕조, 세면대 닦기 • 거울 청소 • 변기 청소	• 배수구 묵은 오염 제거 • 슬리퍼, 욕실용품 바닥 등 소품 청소 • 실리콘, 디일 틈새의 오염 제거 • 수전 막힘 뚫기
베란다	• 바닥 오염 제거	• 방충망, 유리 닦기 • 문틈 먼지 제거 • 손 닿지 않는 좁은 곳 먼지 제거
현관, 신발장	• 바닥 먼지 제거 • 신발장 환기	• 신발장 안 먼지 제거 • 신발 정리 • 소독용 에탄올 제균

청소Plus

최소한의 도구와 최소한의 동선으로 청소하기 간편한 방법으로 보기 쉽게 순서대로 작성했습니다. 왜냐하면, 여러분들에게 '청소의 달인'이 되기 위한 비법을 전수하기 위한 것이 아니라, 청소를 좀 더 간편하고 쉽게 실천하기 위한 것이 제 의도이기 때문입니다.

요즘은 워낙 청소 도구나 세제들이 다양하고 친환경 소재들이 많이 나와 있지만, 되도록이면 베이킹소다나 식초, 치약, 소주 등 환경을 오염시키지 않으면서 쉽게 구할 수 있는 것들을 많이 사용하는 것이 좋습니다.

동선	• 위 → 아래(천장 → 바닥) • 안쪽 → 바깥 • 각 공간의 시계방향으로 동선 짜기
순서	• 넓은 면적 → 좁은 면적 • 먼지 제거 1차 → 베이킹소다 → 젖은 걸레 → 마른 걸레 → 마무리
세제효과	• 베이킹소다 – 먼지 제거 • 식초 – 냄새 제거 • 치약 – 광택 내기 • 소주 – 오염 제거 • 소독용 에탄올 – 제균
도구활용	• 넓은 면적 – 걸레, 브러시, 밀대, 청소기 • 손닿기 어려운 곳 – 칫솔, 면봉 • 가장 틈이 작은 곳 – 이쑤시개

청소를 시작하기 전, 도구들은 미리 미리 챙겨두는 것 잊지 마시고요.

먼지 제거, 비질, 걸레질 같은 작업을 한 번에 몰아서 하는 방법이 있고, 각 공간을 하나씩 집중해서 청소하는 방법이 있으니 자신이 선호하는 방법으로 청소하면 됩니다.

또한 맞벌이인가 전업주부인가, 몸 상태가 좋은가 나쁜가, 일정이 여유로운가 바쁜가, 집중해서 할 것인가 나누어서 할 것인가, 깔끔하게 할 것인가 먼지 제거 정도만 할 것인가 등에 따라서 스타일이나 생활에 맞추어 하면 됩니다.

마지막으로 저는 하나의 방법론을 제시하는 것일 뿐, 어떻게 계획하고 실천할 것인가는 오로지 '주부'인 자신만이 운용할 수 있다는 것 잊지 마세요!

마이크로화이바 요술행주수세미
울트라 매직블럭!

철수세미로도 닦기 어려운
눌러붙은 **기름때**나 새카맣게 **탄자국**도

물만묻혀 손쉽게 제거하는
울트라블럭!

남은 조각까지 **집게**로 사용

오래써도 잘 찢어지거나
줄어들지가 않습니다

기존 매직블럭을 업그레이드한 신제품!

① 매직블럭에 우레탄을 부착해 찢어질 걱정이 없습니다.
② 마이크로 화이바 극세사를 부착해 물 흡수력이 뛰어납니다.
③ 세척력이 더욱 강력해져 기름때나 탄 자국도 쉽게 닦입니다.
④ 용도와 기능에 따라 다양한 활용이 가능합니다.

제조사 : 가나클리너
원산지 : 대한민국
문의 : 032-576-0290

ULTRA Magic Block
울트라 매직블럭